Heinrich Beltz | Uwe Jakubik

PFLANZEN SCHNITT
SUPER EINFACH

Schnitt-Basics Ziergehölze

von Heinrich Beltz

Spezial

In das Wachstum mancher Ziergehölze sollte nur sehr zurückhaltend oder gar nicht durch Schnitt eingegriffen werden.

Schnitt-Praxis Ziergehölze

von Heinrich Beltz

Erste Hilfe für Ziergehölze

von Heinrich Beltz

Spezial

Die richtige Schnittmaßnahme zum passenden Zeitpunkt ist die Grundlage für einen hohen Zierwert von Gehölzen.

Spezial

Streit mit dem Nachbarn wegen des Gartens lässt sich vermeiden. Worauf Sie achten sollten, lesen Sie hier.

Obstbaum-Basics

von Uwe Jakubik

Obstschnitt-Praxis

von Uwe Jakubik

Spezial

Mit dem richtigen Werkzeug können Sie sich eine Menge Kraft und Arbeit bei den anstehenden Schnittmaßnahmen sparen.

Spezial

Spezialwissen zur Vorgehensweise beim Pflanzen und zum richtigen Zeitpunkt für den Schnitt je nach Obstart.

Erste Hilfe für Obstbäume

von Uwe Jakubik

Infoecke

Spezial

Wie Sie auch bei wenig Platz im Garten oder auf Balkon & Terrasse Obst kultivieren können; Schnittregeln kurz & bündig.

Gut in Form!

Das wichtigste Werkzeug des Gärtners ist die Schere", sagte der berühmte preußische Gartengestalter Peter Josef Lenné vor fast 200 Jahren und wies damit auf die herausragende Bedeutung des Schnittes bei der Gehölzpflege hin.

Diese Aussage hat bis heute nicht an Wertigkeit verloren: Pflanzen zu schneiden ist für jeden Gartenliebhaber und Hobbygärtner ein wichtiges Thema. Denn, ob Apfel, Birne, Sauer- oder Süß-

Kirsche, Zwetsche, Pfirsich oder Walnuss, irgendwann braucht jeder Obstbaum einmal einen Schnitt für eine gute Ernte. Auch hängt der Schmuckwert eines Ziergehölzes von seinem Blütenreichtum, dem Fruchtansatz, seiner Belaubung und seiner Wuchsform ab – all das kann durch fachgerechten Schnitt beeinflusst werden. Wer dazu noch die Zusammenhänge über Blühen, Fruchtbildung, Schädlinge, Nützlinge, Schnittart, -zeitpunkt und Wuchsanre-

gung versteht, der weiß, wie und wann der Baum geschnitten werden sollte. Mit dem richtigen Werkzeug, der richtigen Schnitttechnik und dem Wissen der wichtigsten Wuchsgesetze ist das Schneiden nicht schwer.

Dieses Buch zeigt Ihnen, wie es gemacht wird – kurz, klar und verständlich. Dadurch hilft es Ihnen, Ihre Pflanzen für lange Zeit gesund und schön zu erhalten, eine reiche Ernte einzufahren und viel Freude an Ihrem Garten zu haben.

Schnitt-Basics Ziergehölze

Erste Einblicke

Der elegante Wuchs der Gold-Robinie lockert das Gesamtbild der Architektur auf.

Für einen guten Gehölzschnitt ist es wichtig einige Einblicke in die Lebensweise von Pflanzen zu haben, damit Sie die Folgen Ihrer Schnittmaßnahmen einschätzen können.

Pflanzenaufbau

Der Aufbau von Pflanzen wird eingeteilt in die Wurzeln, den Spross (der bei Bäumen den Stamm bildet) und die Blätter.

Die Wurzeln bilden die Verankerung im Boden und versorgen die Pflanze mit Nährstoffen und Wasser, welches über das holzige Leitgewebe (Xylem, bei Bäumen im Splintholz) nach oben transportiert wird. In den Blättern findet die Fotosynthese statt. Dabei wird die Energie der Sonne im grünen Farbstoff (Chlorophyll) der Blätter aufgenommen und umgewandelt. In Form von Kohlenhydraten wird diese Energie über die Leitbündel (Phloem, bei Bäumen im Bastteil der Rinde) in die Wurzeln transportiert. Die belaubten Triebe und die Wurzeln sind also voneinander abhängig: Wird ein Teil geschädigt, leidet der andere ebenfalls. Aus den Blattanlagen bilden sich Frucht- und Staubblätter, aus denen sich die Blüten zusammensetzen und die bei höheren Pflanzen Samen hervorbringen können. Zwischen Holz und Rinde befindet sich eine Wachstumsschicht (Kambium), aus der sich bei Verletzungen Wundgewebe (Kallus) aus undifferenzierten Zellen bildet, das die Wunde überwallt und dadurch für die Heilung sorgt.

Wachstumsvorgänge

In Wurzeln, Blättern und Früchten werden Pflanzenhormone (Phytohormone) produziert, die die Wachstumsvorgänge steuern und dabei die Folgen von Schnitteingriffen beeinflussen. Die Wurzelspitzen bilden Pflanzenhormone, die den

Winterpause

> **Unter dem Einfluss** von niedriger Temperatur und vor allem dem kürzeren Tageslicht schließt das Triebwachstum im Herbst ab und manche Gehölze lassen ihre Blätter oder Nadeln fallen. Das Gewebe enthält nun viele Reservestoffe aber nur noch wenig Wasser, sodass die Zellen nicht platzen, wenn sie im Winter bei Frost gefrieren, sondern überleben können.

Smart

Austrieb der Knospen an den Zweigen fördern (Cytokinine). Bei einem kräftigen, gesunden Wurzelsystem mit hoher Cytokininproduktion treibt die Pflanze also stärker aus als bei geschädigten Wurzeln mit schwachem Wachstum.

In den Triebspitzen werden Pflanzenhormone gebildet, die das Wurzelwachstum anregen (Auxine). Der Austrieb sowie das Wachstum tiefer liegender Knospen und Pflanzenteile werden durch die Auxine gehemmt. Daher wachsen bei einem aufrechten Zweig die obersten Knospen und Triebe am stärksten, und die tiefer liegenden werden durch Auxine gebremst, sodass sie kaum oder gar nicht austreiben. Wird der höher liegende Teil des Zweiges aber abgeschnitten, können die unteren Partien ungestört treiben und wachsen. Das nennt man Spitzen- bzw. Oberseitenförderung (Akrotonie, Apikaldominanz). Bei bogig wachsenden Zweigen wird die Oberseite gefördert und die Knospen treiben an der höchsten Stelle des Bogens am stärksten aus. Waagerechte Äste treiben an ihrer Oberseite am kräftigsten (Scheitelförderung), die

Links basitonisches, rechts akrotonisches Wachstum.

Triebspitze kümmert dann. Während bei den meisten Bäumen und Großsträuchern die Spitzenförderung vorherrscht, durch die sie ja erst ihren baumartigen Wuchs erlangen, wachsen viele Ziersträucher wie Forsythien basitonisch, das heißt, sie treiben von der Basis her aus.

Diese Wachstumsvorgänge, die durch die Hormone in der Pflanze gesteuert sind, müssen beim Schnitt beachtet werden.

Pflanzschnitt

Bei der Pflanzung können Sie dem Ziergehölz durch geeignete Schnittmaßnahmen das Anwachsen erleichtern.

Wurzeln

Baumschulgehölze werden in drei unterschiedlichen Formen angeboten: wurzelnackt, balliert und im Container. Bei der Rodung in der Baumschule ist es vor allem für jüngere Pflanzen üblich, die Erde abzuschütteln und sie wurzelnackt zu verkaufen. Bei Pflanzen, die das wegen ihrer arttypischen Eigenschaften oder ihrer Größe nicht vertragen, wird ein Wurzelballen mit Erde gestochen und dieser durch ein Ballentuch und eventuell einen Drahtkorb geschützt. Mit Ballen werden immergrüne Laubgehölze, Nadelgehölze und auch sehr große laubabwerfende Pflanzen angeboten. Fast alle Ziergehölze werden inzwischen auch als „Containerpflanzen" in Töpfen kultiviert, damit sie das ganze Jahr hindurch angeboten werden können.

Vor der Pflanzung muss geprüft werden, ob ein Wurzelschnitt nötig ist. Bei wurzelnackten Pflanzen werden sehr lange oder beschädigte Wurzeln eingekürzt. Starke, gesunde Wurzeln sollten möglichst an der Pflanze verbleiben. Bei ballierten Pflanzen braucht meist kein Wurzelschnitt durchgeführt zu werden. Nur Wurzeln, die aus dem Ballentuch herausragen, werden abgeschnitten. Ballentuch und Drahtkorb brauchen bei der Pflanzung übrigens nicht entfernt zu werden, denn sie verrotten später langsam im Boden. Lediglich die Verknotungen im oberen Bereich sollten aufgeschnitten und nach

Richtig pflanzen

> Pflanzloch tief genug ausheben und Boden gut lockern, Staunässe vermeiden.

> Pflanze nicht tiefer pflanzen als sie in der Baumschule gestanden hat.

> Keinen Dünger ins Pflanzloch geben, bei Bedarf lieber aufstreuen.

> Größere Pflanzen an einem stabilen Pfahl (oder mehreren) befestigen, damit sie in der Anwachsphase nicht vom Wind umgeworfen werden.

außen gedrückt werden, damit sie später Stamm und Triebe in ihrem Dickenwachstum nicht beeinträchtigen können. Wenn die Wurzeln im Topf von Containerpflanzen verfilzt oder am Boden kreisförmig gewachsen sind, werden sie mit einem Messer oder Schere durchtrennt, damit sie nach der Pflanzung schneller in den Boden einwachsen.

Triebe

Je mehr Wurzeln bei der Rodung in der Baumschule verloren gegangen sind, desto wichtiger ist ein Pflanzschnitt. Vor allem die Zweige von wurzelnackten Gehölzen sollten auf etwa ein Drittel ihrer Länge eingekürzt werden, die schwachen mehr als die starken. Durch diesen Rückschnitt vor oder direkt nach der Pflanzung brauchen die Wurzeln weniger Triebe mit Wasser zu versorgen, die Pflanzen verzweigen sich tiefer, und die Knospen treiben stärker aus. Dadurch werden die Wurzeln besser mit Energie versorgt und können schneller in den Boden eindringen – ein Effekt, bei dem sich Wurzeln und Triebe gegenseitig stärken.

Rechts: Pflanzschnitt an einer Hainbuche.

Bei ballierten Pflanzen und Containerpflanzen ist ein Pflanzschnitt nicht unbedingt nötig. Wenn die Triebe sehr lang oder die Pflanze zu locker aufgebaut ist, kann der Schnitt trotzdem sinnvoll sein, damit die Verzweigung tiefer ansetzt und die Pflanze harmonischer wächst. Bei den meisten Bäumen wird mit der Krone ähnlich verfahren, allerdings bleibt der Mitteltrieb etwa 20 cm länger als die Seitentriebe, damit er später stärker wächst und eine Stammverlängerung bildet. Wenn ein zweiter, gleich starker Mitteltrieb ("Konkurrenztrieb") vorhanden ist, wird dieser ganz entfernt. Damit der Stamm besonders gerade wächst, kann der Neutrieb an einen Bambusstab gebunden werden.

Rückschnitt

Außer dem Pflanzschnitt gibt es noch einige andere sinnvolle Schnittmaßnahmen, durch die Sie große Effekte in Ihrem Garten erzielen.

Verjüngungsschnitt

Vergreiste Gehölze, die nur noch kurze Neutriebe bilden und dadurch wenig Blätter und Blüten bilden, können stark zurückgeschnitten werden, damit sie sich verjüngen, neu aufbauen und wieder reich blühen. Vor allem bei älteren Ziersträuchern kann das sinnvoll sein, manchmal aber auch bei Gehölzen, die nicht gut angewachsen sind, vielleicht weil der Pflanzschnitt zu schwach war. Solch ein Rückschnitt muss lange vor dem Austrieb durchgeführt werden, da er danach die Pflanze schwächen würde. Ende Februar bis Ende März ist meist ein guter Zeitpunkt.

Auch bei Hecken, die zu groß oder zu breit geworden sind, kann ein Verjüngungsschnitt sinnvoll sein. Sind die Mitteltriebe einigermaßen gerade, werden nur die Seitenzweige bis auf wenige Zentimeter eingekürzt und durch häufigen Schnitt nach dem Austrieb langsam wieder dicht. Wenn die Mitteltriebe sehr schief und schräg verlaufen, ist das manchmal nicht möglich, und die Pflanzen müssen bis etwa 20 cm über den Boden zurückgeschnitten („auf den Stock gesetzt") werden. Der Austrieb kann dann gestäbt werden, sodass die neuen Mitteltriebe gerade wachsen und daraus eine neue Hecke aufgebaut werden kann.

Rückschnitt von Sommerblühern

Pflanzen, die am neu gebildeten „diesjährigen" Holz blühen (Schmetterlingsstrauch, Sommerheide, Beetrosen), werden im Frühjahr mehr oder weniger stark zurückgeschnitten, um den Blütenreichtum zu fördern.

Kopfschnitt

Beim Kopfschnitt (Schneitelung, entwipfeln) werden die einjährigen Triebe im Winter oder Frühjahr durch

Kopfweiden dienen heute meist nur noch der Zierde.

Smart

Verjüngung nicht für alle!

> **Verjüngungsschnitt** ist nur bei Pflanzen sinnvoll, die willig aus älterem Holz wieder austreiben (Forsythie, Zierjohannisbeere, Spierstrauch, Eibe, Buchsbaum). Solche, die das nicht vertragen, wie Thuja, Scheinzypresse oder Kiefer, sollten dieser Prozedur nicht unterzogen werden.

Kappung von Bäumen kann zu Fäulnis führen und dadurch zum Pflanzentod.

jährlichen Rückschnitt bis auf wenige Millimeter Länge soweit eingekürzt, dass die Astringe, die zurückbleiben, und der Neuaustrieb aus ihnen mit der Zeit kopfartige Verdickungen bilden. Bei Dachplatanen oder Spalierlinden ist das zum Beispiel üblich. Dadurch, dass die entstehenden Wunden klein bleiben, vertragen die Pflanzen den Kopfschnitt meist gut, ohne dass Faulstellen entstehen. Auch bei Kopfweiden, Eschen, und anderen Gehölzen wird regelmäßig der Neutrieb abgeschnitten, allerdings nicht aus ästhetischen Gründen, sondern um die Zweige zu ernten und zu verarbeiten (Bindeweiden) oder früher um Viehfutter zu gewinnen (Eschen).

Kappung

In manchen Regionen ist es bei Pappeln, Weiden, Linden und anderen Bäumen üblich, sie von Zeit zu Zeit auf Aststümpfe zurück zu schneiden, besonders wenn sie zu dicht in der Nähe von Häusern stehen und diese bedrängen. Diese Maßnahme wird als Kappung bezeichnet. Auch wenn die Kappung Tradition hat, wird sie von Fachleuten abgelehnt, da anders als beim Kopfschnitt sehr große Wunden entstehen, die Fäulnisherde bilden und zum Tod der Pflanze führen können.

Auslichtungsschnitt

Viele Pflanzen sind besonders attraktiv, wenn sie locker wachsen und dadurch der ihnen eigene, typische Wuchs sichtbar wird. Laubabwerfende Gehölze, wie etwa Japanische Ahorne, sind auch nach dem Laubfall im Winter durch ihre interessante Gestalt und ihre schöne Rinde eine Zierde. Auch bei Zierobst kann eine lockere Wuchsform (Habitus) gewünscht sein. Wenn solche Pflanzen vergreisen

oder aus anderen Gründen zu dicht werden, sollte ein Auslichtungsschnitt durchgeführt werden. Dabei wird ein Teil der Zweige und Äste entfernt, aber nicht eingekürzt, sondern an der Entstehungsstelle abgeschnitten, sodass eine Zweigverlängerung stehen bleibt. Dadurch bilden sich an der Schnittstelle keine oder nur wenige Neuaustriebe, die dann möglichst bald entfernt werden.

Wasserreiser

Manchmal entstehen im Inneren eines Baumes, an seinem Stamm oder an der Oberseite starker Äste besenartige Neuaustriebe, die oft „Wasserreiser" genannt werden. Vor allem nach Schnitteingriffen, bei denen die Quellen der austriebshemmenden Auxine (siehe Seite 11) beseitigt werden, kann dieses Phänomen beobachtet werden. Gelegentlich wird befürchtet, dass die Wasserreiser der Pflanze schaden oder eine Reaktion der Pflanze auf eine Schädigung sind. Das ist aber normalerweise nicht so. Sie sind nur ein ästhetisches Problem. Häufig werden diese unerwünschten Wasserreiser im Winter oder Frühjahr restlos entfernt (abgeschnitten oder abgerissen), mit dem Erfolg, dass sich an ihrer Basis neue bilden und im nächsten Winter ebenfalls abgeschnitten werden müssen. Wenn es der Pflanzenaufbau und die Entstehungsstellen dieser Triebe erlauben, sollten sie daher nicht alle entfernt, sondern nur ausgelichtet

— Schnitt 1. Jahr
— Schnitt 2. Jahr

Wasserreiser schrittweise entfernen, ein Teil bleibt stehen (rechts).

Durch Auslichtungsschnitt kann der lockere Wuchscharakter dieses Pagoden-Hartriegels gefördert werden.

werden. Das heißt etwa ein Drittel der Triebe bleibt stehen, kann wachsen und hemmt an der Basis den Neuaustrieb. Mit der Zeit werden weitere der Triebe entfernt, bis zum Schluss nur noch wenige starke Zweige zu Ästen herangewachsen sind und die Bildung von Wasserreisern nachlässt.

Auch manche Sträucher, wie Haselnuss und Schneeball, neigen zur Bildung von vielen jungen Trieben an der Basis, die ebenfalls ausgelichtet werden. Das heißt ein Teil wird stehen gelassen und ein Teil bildet neue Haupttriebe, die ältere, vergreiste Triebe ersetzen.

Wurzelausläufer

Manche Sorten von Hartriegel (*Cornus sericea* 'Flaviramea'), Ranunkelstrauch (*Kerria japonica*), Sumach (*Rhus hirta*) und andere Gehölze neigen dazu, Wurzelausläufer zu bilden. Wenn diese unerwünschte Regionen des Gartens erobern, müssen sie unbedingt möglichst bald mit dem Spaten in der Erde ausgestochen und entfernt werden. Oberir-

disches Abschneiden nützt nichts, da sie aus der Erde sofort wieder austreiben.

Schnitt und Austrieb

> **Der Zeitpunkt stärkerer Schnittmaßnahmen** hat einen großen Einfluss auf das Austriebsverhalten und das Wachstum der Pflanze nach dem Schnitt. Schnitt vor dem Austrieb (Winterschnitt) führt zu starkem Neuaustrieb und Wachstum, Schnitt nach dem Austrieb (Sommerschnitt) schwächt das Wachstum.

Schnittzeitpunkte

Schnittmaßnahmen können zu unterschiedlichen Jahreszeiten durchgeführt werden, je nach Pflanzenart und gewünschtem Ergebnis.

Winter

Meist werden Gehölze im Winter und im frühen Frühjahr geschnitten. Das hat mehrere Vorteile: Man hat Zeit, da im Winter im Garten sonst nicht viel zu tun ist, und der Aufbau laubabwerfender Gehölze ist zwischen Laubfall und Neuaustrieb

besonders gut zu erkennen, sodass ein unerwünschtes Triebwachstum korrigiert werden und Beschädigungen an den Ästen leicht gefunden werden. Müssen Bäume gefällt werden, enthält das Holz verhältnismäßig wenig Wasser, sodass es bald als Brennholz verwendet werden kann. Allerdings verläuft die Wundverheilung im Sommer wesentlich besser. Daher muss man die Vorteile und Nachteile der verschiedenen Zeitpunkte gegeneinander abwägen.

Am günstigsten ist, bei offenem Wetter ohne Frost zu schneiden. Wenn die Zweige selbst nicht gefroren sind, spielen auch leichte Minustemperaturen keine Rolle. Ist das Holz aber gefroren, ist der Zeitpunkt ungünstig. Es lässt sich schwerer schneiden und kann leicht splittern. Außerdem wird bei Kälte der menschliche Körper schnell steif, und die Geschicklichkeit lässt nach. Als Faustzahl gilt, dass Bäume bis etwa −5 °C geschnitten werden können. Frostempfindliche Pflanzen sollten erst ab Anfang März nach den letzten starken Frösten geschnitten werden, da Schnitteingriffe die Frostempfindlichkeit deutlich erhöhen.

Frühjahr

Der Schnitt im frühen Frühjahr vor dem Austrieb entspricht weitgehend dem im Winter. Die Übergangszeit vom Winter zum Frühjahr (März bis Anfang April) wird gern zum Schneiden genutzt, da dann auch frostempfindliche Pflanzen wie Rosen oder Schmetterlings-

Schnitt vor dem Austrieb fördert das Wachstum im Sommer.

strauch nicht mehr gefährdet sind. Das späte Frühjahr nach dem Austrieb ist für stärkere Eingriffe etwas weniger geeignet, da die Entfernung von ausgetriebenen Zweigen die Pflanze durch den höheren Verlust an Reservestoffen mehr schwächt als in der Winterruhe vor dem Austrieb.

Viele Frühjahrsblüher (Mandelbäumchen, Forsythien) werden direkt nach der Blüte zum beginnenden Austrieb geschnitten, damit man die Blüten genießen und durch den Schnitt die Bildung neuer Blütentriebe anregen kann.

Verblühte Blütenstände mehrfach blühender Rosensorten entfernt man im Sommer, um den zweiten Blütenflor zu fördern.

Sommer

Im Sommer verheilen Wunden schneller und besser, und Gehölze „bluten" nicht (siehe Seite 62). Allerdings verdeckt die Belaubung oft die Sicht, sodass ein fachgerechter Pflegeschnitt nicht immer einfach ist. Starke Schnitteingriffe schwächen durch den Verlust von Nährstoffen zu diesem Zeitpunkt die Pflanze. Formschnitt oder ein leichter Rückschnitt zur

Smart

Notwendige Schnittmaßnahmen jederzeit

> **Das Entfernen** beschädigter oder störender Äste und Zweige muss natürlich durchgeführt werden, sobald der Schaden entstanden ist oder der Grund akut wird. Es gibt keinen Zeitpunkt, an dem Pflanzen grundsätzlich nicht geschnitten werden können.

Entfernung von abgeblühten Blütenständen mit den daran entstehenden Früchten muss aber im Sommer durchgeführt werden.

Herbst

Im Spätsommer oder frühen Herbst wird, wenn nötig, noch ein letzter Formschnitt durchgeführt, damit die Pflanzen über Winter attraktiv aussehen.

Wildtriebe und Rückschläge

Einige Sorten müssen veredelt werden, da sie anders nicht vermehrt werden könnten oder weil günstige Eigenschaften der Unterlage, wie Resistenzen gegen Schädlinge genutzt werden sollen. Sie neigen dazu, „Wildtriebe" zu bilden, die ebenso wie „Rückschläge" anderer Sorten regelmäßig entfernt werden müssen.

Veredlung

Bei der Vermehrung durch Veredlung werden Zweige (Edelreiser) oder Knospen (Augen) der gewünschten Sorte mit derjenigen Pflanze (Unterlage, Wildling) verbunden, die in Zukunft die Wurzel bilden soll. Die Teile beider Pflanzen verwachsen, die Triebe der Unterlage werden entfernt (abgeworfen), und innerhalb von meist zwei bis vier Jahren wird in der Baumschule eine verkaufsfähige „Veredlung" angezogen. Bei vielen Pflanzengattungen wird der Veredlungsvorgang sehr tief, knapp über dem Wurzelhals durchgeführt, bei manchen aber auch etwas höher, sodass man an der unterschiedlichen Rinde von Edelsorte und Unterlage oder an der Bildung eines (harmlosen) dicken Wulstes deutlich die Veredlungsstelle erkennen kann.

Wildtriebe

Die Veredlungsunterlagen haben oft die ungünstige Eigenschaft, dass sie auch nach Jahren unterhalb der Veredlungsstelle austreiben. Sie wachsen oft stärker als die Edelsorte und wenn diese „Wildtriebe" nicht entfernt werden, können sie die Edelsorte überwuchern, die dann kümmert und abstirbt. Obwohl die Wildtriebe manchmal hübsch blühen, wie weiße Vogelkirschenblüten an einer rosa Zierkirsche, ist es wichtig, Wild-

Der lange Wildtrieb sollte sofort entfernt werden.

triebe möglichst schnell und dicht an der Entstehungs-stelle zu entfernen. Dabei die unterhalb der Boden-oberfläche entstandenen Wildtriebe ausreißen, sonst treiben sie sehr schnell und sehr stark wieder aus.

Rückschläge

Pflanzen die nicht veredelt sind, also aus Saat, Steck-ling, Steckholz oder Mikro-vermehrung angezogen wur-den, haben den Vorteil, dass sie keine Wildtriebe bilden. Allerdings können auch Pflanzen, die nicht veredelt sind, plötzlich andersartige, stark wachsende Triebe bil-den. Zum Beispiel neigt die (stecklingsvermehrte) Zu-ckerhut-Fichte (*Picea glauca* 'Conica') dazu, stark wach-sende „normale" Fichten-triebe zu bilden. Viele bunt-laubige (panaschierte) Sorten des Eschen-Ahorns (*Acer negundo* 'Variegatum'), der Lavendelheide (*Pieris japonica* 'Little Heath') oder die Rhododendron-Sorte 'Goldflimmer' bilden grün belaubte Triebe. Das hängt damit zusammen, dass die genetische Information in solchen aus Mutation ent-standenen Sorten manch-mal nicht stabil ist und die

Dieser langtriebige Rückschlag wurde zu lange toleriert und hinter-lässt ein Loch im Pflanzenaufbau, wenn er abgeschnitten wird.

Ursprungsform wieder „durchschlägt". Genau wie Wildtriebe müssen solche „Rückschläge" möglichst schnell an der Entstehungs-stelle entfernt werden, sonst verkümmert der sortentypi-sche Teil der Pflanze.

Smart

Sämlinge

> **Pflanzen, die aus Samen** herangezogen worden sind, bilden weder Wild-triebe noch Rückschläge, allerdings spalten sie auf, wachsen also unterschied-lich. Bei einzeln stehenden Pflanzen fällt das nicht auf, in Hecken kann es jedoch störend sein. Besonders bei Buchenhecken ist manch-mal auffällig, dass die Pflanzen unterschiedlich früh austreiben.

Schnittführung

Werden Äste abgesägt, sollten sie nahe an ihrer Entstehungsstelle entfernt werden: am Stamm, an einer Gabelung oder einem stärkeren anderen Ast. Früher empfahl man, so nahe wie möglich am Stamm zu schneiden, davon ist man inzwischen abgekommen. Damit die durch den Schnitt entstehende Wunde besser verheilt, lässt man den „Astring" stehen. Der Astring ist eine Zone im Übergang zwischen dem Astansatz und der Rinde des Stammes, in der sich besonders teilungsfähiges Gewebe befindet. Damit wird schneller Wundgewebe (Kallus) gebildet, als wenn ganz nahe am Stamm geschnitten und der Astring dabei entfernt wird. Manchmal ist dieser Astring sehr gut als kleine, borkige Wulst zu erkennen, bei manchen glattrindigen Gattungen aber auch nicht. Dann hilft als Faustzahl, dass man einige Millimeter des Astansatzes stehen lassen soll, in denen sich der unsichtbare Astring befindet. Sie sollen allerdings auf keinen Fall einen mehrere

Kräfteschonend Äste schneiden

> **Triebe** lassen sich leichter abschneiden, wenn man sie mit der freien Hand von der Schere wegdrückt. Die obere, flache Klinge sollte dabei zur Pflanze hingehalten werden und die breite Seite der unteren Klinge von der Pflanze weg, da durch die breite Klinge Quetschstellen entstehen, die an der abgeschnittenen Seite des Zweiges sein sollten.

Smart

Zentimeter langen Stumpf („Huthaken") stehen lassen. Der behindert die Wundheilung, fördert Pilzbefall und zeigt nicht zuletzt deutlich, dass derjenige, der geschnitten hat, kein Fachmann war. Der Astring entfernt sich in einem leichten Winkel nach unten hin vom Stamm, sodass leicht schräg geschnitten werden sollte (siehe Abbildung).Sehr schwere Äste sollten zusätzlich durch ein Seil, das über einen höheren Ast geworfen und vom Boden her gehalten wird, gesichert werden.

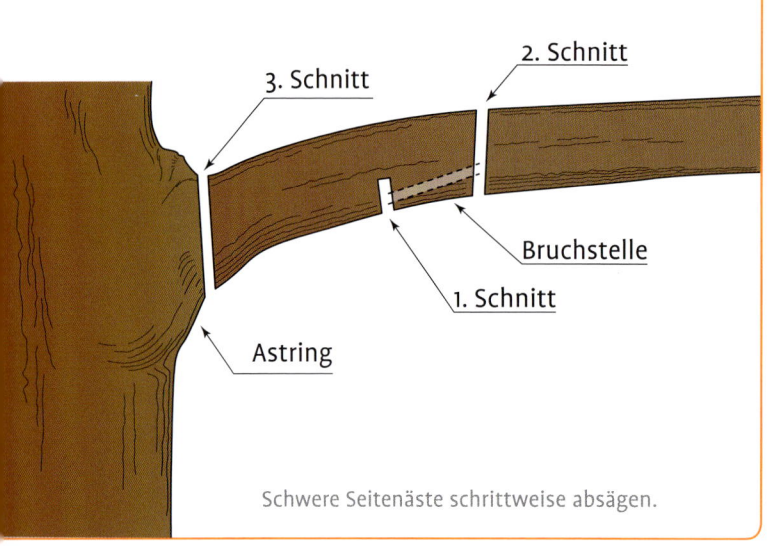

3. Schnitt

2. Schnitt

Bruchstelle

1. Schnitt

Astring

Schwere Seitenäste schrittweise absägen.

Schrittweise entfernen

Schwere Äste werden nicht auf einmal in einem Schritt am Astring entfernt, sondern in drei Schritten, da sie durch ihr Gewicht zum Abreißen neigen. Zunächst wird also mit einem Schnitt, je nach Dicke des Astes etwa 50 bis 100 cm vom Astansatz entfernt, die Unterseite ein Drittel des Astdurchmessers tief eingesägt, dann beginnt meist die Säge zu klemmen. 10 bis 20 cm weiter wird ein zweiter Schnitt auf der Oberseite durchgeführt, bis der Ast abbricht und durchtrennt ist. Der verbliebene Stumpf ist nicht mehr schwer, reißt nicht ein und kann leicht am Astring abgesägt werden.
Gelegentlich wird empfohlen das Holz der Wunde oder Wundränder mit einem Messer glatt zu schneiden. Das schadet nicht und sieht sauber aus, aber ob es die Wundverheilung wirklich fördert, ist umstritten. Kleinere, frische Wunden sowie die Ränder größerer Wunden können bei Laubgehölzen mit Wundverschlussmitteln verstrichen werden (siehe Seiten 60/61).

Die Wunde dieser Eiche ist so gut überwallt, dass man sie kaum noch erkennen kann.

Wie hoch über der Knospe schneiden?

Werden junge Triebe zurückgeschnitten, wird empfohlen dicht über derjenigen Knospe zu schneiden, die die Triebverlängerung bilden soll. Es ist allerdings nicht ganz einfach, den optimalen Abstand von dieser Knospe zu finden. Schneidet man, vor allem bei weichholzigen Arten, zu nahe an der Knospe, kümmert sie und treibt nur kurz aus. Schneidet man zu weit von ihr entfernt und lässt einen Zapfen stehen, trocknet dieser ein, kann Pilzbefall fördern, und die Knospe treibt krumm aus.

Schnittwerkzeuge

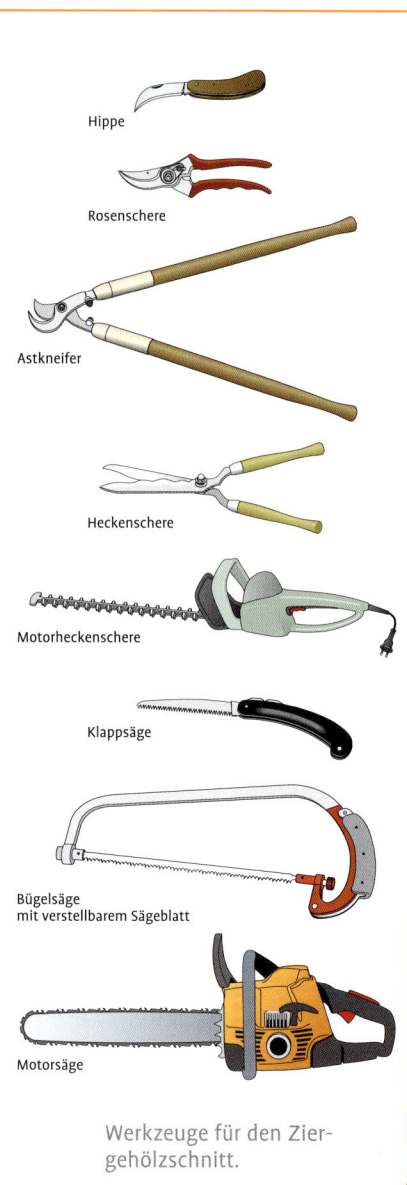

Hippe

Rosenschere

Astkneifer

Heckenschere

Motorheckenschere

Klappsäge

Bügelsäge
mit verstellbarem Sägeblatt

Motorsäge

Werkzeuge für den Zier-
gehölzschnitt.

Je nach Art der Schnittmaßnahme werden unterschied-
liche Werkzeuge eingesetzt:
Messer, Scheren und Sägen.

Messer

Um sehr dünne Zweige in
Stammnähe zu entfernen
oder Wundränder glatt zu
schneiden (siehe Seite 23)
können Messer benutzt
werden. Am besten eignet
sich die sogenannte „Hippe".
das sichelförmig geschwun-
gene Gärtnermesser.

Rosenschere

Einzelne Zweige werden
mit Scheren entfernt, die als
Rosen-, Baum- oder Reb-
scheren bezeichnet werden.
Das sind meist Bypassssche-
ren, bei denen die obere,
dünne, scharfe Klinge an der
unteren, breiten Klinge vor-
bei schneidet (siehe Abbildung). Außerdem werden
Ambossscheren angeboten,
deren obere, scharfe Klinge
die Zweige auf der unteren,
breiten Klinge wie auf einem
Amboss durchtrennt. Ein
Nachteil dieser Konstruktion
ist, dass durch die untere
Klinge an beiden Seiten der

Schnittstelle eine kleine
Quetschung entsteht, also
auch an dem an der Pflanze
verbleibenden Teil. Damit
sie leichter in der Hand
liegen, sind sie meist aus
Leichtmetall.
Für etwas dickere Äste, die
mit der Handschere nicht
mehr zu schaffen sind, eignen sich Astscheren oder
Astkneifer gut. Sie sind kon-
struiert wie Rosenscheren,
haben aber längere Griffe
und werden mit zwei Hän-
den gehalten. Durch die
Hebelwirkung der Griffe lassen sich auch relativ dicke
Äste durchtrennen.

Heckenschere

Das Standardwerkzeug
für den Formschnitt ist die
Heckenschere. Grundsätz-
lich gilt, dass die Scheren
für größere Flächen (He-
cken) längere Klingen ha-
ben sollten und für kleinere
Flächen, zum Beispiel von
Formgehölzen, kürzere
Klingen.
Motorheckenscheren werden
in Privatgärten meist elek-
trisch betrieben. Es gibt sie
in verschiedenen Längen,
auch sehr kurze, akkubetrie-

bene Modelle für den Formgehölzschnitt. Für größere Flächen, bei denen das Kabel stört, gibt es Geräte mit Zweitakt-Verbrennungsmotoren.
Die Messerbalken der Motorheckenscheren müssen regelmäßig gepflegt und geschärft werden. Bei der Arbeit mit diesen Geräten darf der Körperschutz (Gehörschutz etc.) nicht vergessen werden.

Sägen

Für kleinere Sägearbeiten ist die Klappsäge geeignet, deren Klinge wie bei einem Taschenmesser eingeklappt wird, sodass die Säge bequem in die Tasche gesteckt werden kann. Für etwas größere Äste sind Bügelsägen mit verstellbarem Sägeblatt besonders empfehlenswert. Das Sägeblatt kann durch einen Spannverschluss im

Mit der Astschere wird der Zweig nahe am Stamm geschnitten. Dabei zeigt die breite untere Klinge nach außen.

Winkel verändert werden, damit der Bügel bei der Arbeit nicht stört. Größere Bügelsägen und Motorsägen

sind sehr gut geeignet zum Fällen von Bäumen und zum Zerteilen der Stämme, für Baumschnitt sind sie aber meistens zu unhandlich. Bei Motorsägen muss unbedingt die Unfallgefahr beachtet werden, die von ihnen ausgeht. Sie dürfen zum Beispiel ohne Spezialausbildung nur unter besonderen Sicherheitsbedingungen (Arbeitsbühne) im Baum eingesetzt werden, jedenfalls nicht von einer Leiter aus.

Sauber und scharf

> **Egal mit welchem Schnittwerkzeug** man arbeitet: Entscheidend ist, dass es sauber, gut geölt und scharf ist, und den Körper nicht übermäßig belastet. Es sollte nach jedem Schnitt gereinigt werden, bei Harz absondernden Pflanzen wie Kiefern oder Zypressen am besten mit Spiritus. Bei Bedarf muss es rechtzeitig geschärft werden.

Smart

Schönheiten
ohne Schnitt

Viele Ziergehölze bilden ihre volle Schönheit am besten aus, wenn sie kaum oder gar nicht geschnitten werden. Sie sollten sie daher möglichst wenigen Schnitt-maßnahmen unterwerfen und nur bei Bedarf Zweige entfernen.

Damit solche Gehölze sich gut entwickeln und ihre typische Wuchsform entfalten können, ist es wichtig, dass sie viel Licht und genug Platz an ihrem Standort haben. Da sie für die Bildung ihrer typischen Gestalt häufig zehn Jahre und mehr benötigen, ist es sinnvoll, ihnen schon bei der Pflanzung genug Standraum zu geben und sie in Einzelstellung als sogenannte Solitärpflanzen zu pflanzen. Man kann sie zunächst mit anderen Pflanzen als Lückenfüller kombinieren, die dann (rechtzeitig!) Stück für Stück gerodet werden, sobald sie mit der Solitärpflanze um Licht konkurrieren.

Störende oder beschädigte Zweige werden natürlich auch bei solchen Solitärgehölzen entfernt. Bei Bedarf werden außerdem einzelne Zweige oder Äste ausgelichtet, aber diese Pflanzen werden nicht zurückgeschnitten.

1 Zaubernuss Die schon im Winter blühende Zaubernuss (*Hamamelis*) bildet ihre Blütenknospen an den mindestens zweijährigen Trieben. Die Gattung treibt zwar nach einem Schnitt im Frühjahr recht willig aus älterem Holz wieder aus, aber der malerische, meist trichterförmige Wuchs dieser eleganten Pflanzen sollte nicht gestört werden. Darauf muss auch geachtet werden, wenn Zweige mit duftenden Blüten für die Vase geschnitten werden.

2 Zierobst Im Gegensatz zu Fruchtsorten verlangen Zieräpfel, -kirschen und -pflaumen keinen regelmäßigen Schnitt, da die Fruchtqualität und die Erntemöglichkeiten keine Rolle spielen. Je weniger geschnitten wird, desto reicher ist ihr Blütenschmuck. Allerdings sind diese Pflanzen zum Teil empfindlich gegen Krankheitserreger an den Zweigen, wie Obstbaumkrebs, *Monilia*-Triebsterben und andere. Achten Sie auf kranke Zweige und entfernen Sie diese möglichst schnell.

3 Magnolien Es gibt verschiedene Arten von Magnolien. Besonders attraktiv sind Sorten der Stern-Magnolie (*Magnolia stellata*) und der Tulpenmagnolie (*Magnolia soulangeana*), die ihre Blüten schon sehr früh im Jahr entfalten. Allerdings ist deren Blütenschmuck anfällig gegen Spätfrost. Die Pflanzen selbst leiden aber nicht darunter. Manchmal setzen Magnolien zapfenartige Blütenstände an, aus denen rote Samen fallen. Wer sich daran stört, kann die Früchte entfernen, Die Pflanzen werden durch den Fruchtansatz aber nicht nennenswert geschwächt.

Schnitt-Praxis Ziergehölze

Bodendecker schneiden

Bodendecker werden eingesetzt, um mit verhältnismäßig wenig Pflegeaufwand Flächen zu füllen und von Wildbewuchs und Unkraut frei zu halten. Es gibt sehr unterschiedliche Gehölze und Stauden, die sich dazu eignen. Manche sind sehr schnittverträglich, andere nicht.

Smart

Buchsbaumblattfall und -zünsler

> **Buchsbaum** ist vor allem für die Grabbepflanzung sehr beliebt. Seit einigen Jahren richten der Buchsbaumblattfall und der Buchsbaumzünsler erhebliche Schäden an. Daher sollten widerstandsfähige

Sorten wie 'Herrenhausen' gepflanzt und bei Bedarf gegen Zünslerraupen mit umweltschonenden Insektiziden behandelt werden. Oder es können andere Pflanzengattungen verwendet werden.

Flach wachsende Wacholder vorsichtig schneiden!

Laubgehölze

Die meisten als Bodendecker verwendeten Laubgehölzarten sind sehr schnittverträglich. Bei schwach wachsenden Arten der Felsenmispel wie *Cotoneaster dammeri* 'Major', oder beim Schattengrün (*Pachysandra*) ist meist keine Begrenzung der Höhe notwendig, nur die Ränder der Pflanzung müssen ein- bis zweimal im Jahr geschnitten werden. Bei den stärker wachsenden Arten wie Efeu (*Hedera helix*) oder der Kriechspindel (*Euonymus fortunei*) wird außerdem ein- bis zweimal im Jahr mit einer Heckenschere die Höhe begrenzt. Sehr stark wachsende Sorten wie die Korallenbeere *Symphoricarpos* 'Hancock' oder *Cotoneaster dammeri* 'Coral

Beauty' werden bei Bedarf stark zurückgeschnitten, wenn die Pflanzen nach einigen Jahren zu hoch geworden sind. Das sollte vor Austrieb im März/April geschehen, damit die Flächen sich schnell wieder füllen und Unkraut wenig Zeit zur Ausbreitung hat.
Weniger schnittverträglich sind Zwergrhododendren (Sorten von *Rhododendron* Repens-Hybriden und Wildarten). Sie sollten sehr vorsichtig geschnitten werden.

Koniferen

Bei Kriech-Wacholdern (Sorten von *Juniperus*) und ähnlichen Nadelgehölzen, wie Zwerglebensbaum (*Microbiota decussata*) muss man mit dem Schnitt vorsichtig sein, sie treiben aus dem

Besen-Heide (*Calluna*) blüht im Sommer und wird erst im folgenden Frühjahr zurückgeschnitten.

alten Holz schlecht wieder aus. Außerdem sind diese Pflanzen sehr bruchempfindlich. Wenn die Pflanzung für Schnitt- oder Pflegearbeiten betreten werden muss, sollte nicht auf die Pflanzenmitte getreten werden, sonst brechen die Zweige und sterben ab. Flach wachsende Eibensorten wie *Taxus baccata* 'Repandens' sind dagegen sehr schnittverträglich.

Bodendeckerrosen

Bodendeckerrosen sollten stecklingsvermehrt sein, da sich an veredelten Pflanzen nach starkem Rückschnitt viele Wildtriebe bilden. Die meisten Sorten von stecklingsvermehrten Bodendeckerrosen sind äußerst robust und unempfindlich, auch gegen starke Schnittmaßnahmen.

Heide

Im weiteren Sinne gehört auch Heide zu den Bodendeckern. Winterheiden (Schneeheide *Erica carnea* und Englische Heide *Erica* × *darleyensis*) brauchen je nach Sorteneigenschaft und Standort in vielen Fällen nicht geschnitten zu werden. Bei stark wachsenden Sorten ist ein leichter Rückschnitt im April oder Anfang Mai empfehlenswert. Sorten von sommerblühenden Arten wie der Besenheide (*Calluna vulgaris*) werden vor dem Austrieb im März/April geschnitten. Heide treibt nur zögerlich aus dem alten Holz wieder aus, daher müssen – ähnlich wie bei Lavendel – vor allem die abgeblühten Blütenstände entfernt werden. Es ist nicht ratsam unterhalb der Belaubung ins alte Holz zurück zu schneiden.

Ziersträucher schneiden

Viele Arten von Ziersträuchern wie Deutzie, Kolkwitzie, Hartriegel und Pfeifenstrauch sind sehr frosthart und können schon im Winter geschnitten werden. Man entfernt einige der alten, vergreisten, mehr als drei bis vier Jahre alten Langtriebe möglichst tief an der Entstehungsstelle und lichtet dabei den Strauch aus. Dadurch können sich neue, nach ein bis zwei Jahren reich blühende Langtriebe bilden. Zweige die stören, weil sie zu weit überhängen, werden ebenfalls entfernt. Weniger ratsam ist es, den Pflanzen einen Formschnitt zu verpassen oder sie mit der Heckenschere in einer gewünschten Höhe abzurasieren. Denn das führt dazu, dass sie sehr dicht werden, aber schlecht blühen. Soll die Höhe eines Zierstrauches reduziert werden, entfernt man neben den alten, vergreisten, auch die längsten der jungen Triebe. Am besten schneidet man über einem Nebentrieb. Ist der Strauch dann immer noch zu hoch, kann man die übrigen so tief zurückschneiden, bis er seine gewünschte Höhe erreicht hat. Allerdings sollten die Triebe nicht wie mit der Heckenschere auf dieselbe Höhe geschnitten werden. Sie sollten ungleich lang bleiben, sodass die Pflanze ihre natürliche Wuchsform behält. Wem eine „normal" wachsende Weigelie oder Forsythie zu hoch wird, sollte besser gleich eine Zwergsorte pflanzen, die 1,0 bis 1,50 m hoch wird, anstatt stark wachsende Pflanzen durch Schnitt klein zu halten. Sorten, die im Frühjahr blühen (Forsythie, Blutjohannisbeere) werden erst nach der Blüte geschnitten, bei Bedarf können vorher knospige oder blühende Zweige für die Vase geerntet werden. So können Sie sich bereits die erste Vorahnung des bevorstehenden Frühlings ins Haus holen.

Schmetterlingsstrauch

Frostempfindliche Ziersträucher, wie den Schmetterlingsstrauch oder Sommerflieder (*Buddleja davidii*), sollten Sie erst im März/April nach Abklingen der stärkeren Fröste schneiden. Frosthärtere Sorten (meist lilablau oder weiß blühend) kann man auslichten wie eine Forsythie, dann wachsen sie locker zu einer eleganten Form und können recht groß werden. Für eine reiche Blüte und bei Sorten, die sowieso zurückfrieren (oft rote oder rosa blühende

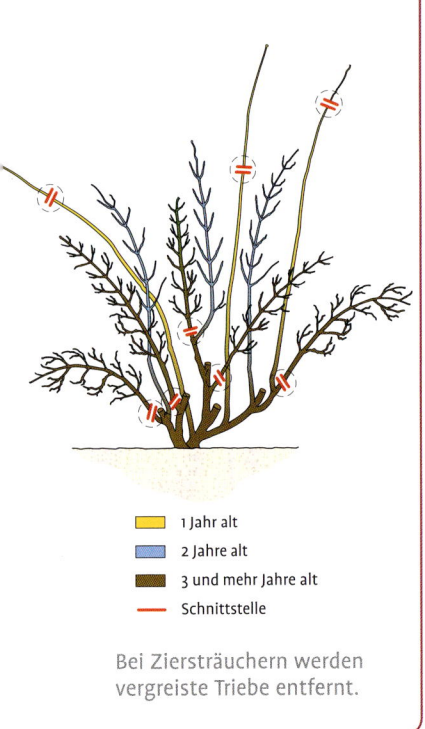

◻ 1 Jahr alt
◻ 2 Jahre alt
◼ 3 und mehr Jahre alt
— Schnittstelle

Bei Ziersträuchern werden vergreiste Triebe entfernt.

Mandelbäumchen (*Prunus triloba*) schneidet man direkt nach der Blüte zurück.

Pflanzen), ist es besser sie ähnlich wie eine Beetrose im März/April zurückzuschneiden.

Flieder

Fliederbüsche (*Syringa*) entwickeln sich am schönsten zu großen Sträuchern oder kleinen Bäumen, wenn sie möglichst wenig geschnitten werden. Wildtriebe, die meist ungefüllt lila blühen, sollten rechtzeitig entfernt werden. Bei jüngeren Pflanzen können die Blütenstände nach der Blüte abgeschnitten werden, damit mehr Kraft in das

Triebwachstum geht. Wenn es notwendig ist (zum Beispiel nach Verletzungen), kann Flieder zurückgeschnitten werden und treibt dann

meist sehr willig aus dem alten Holz wieder aus. Er braucht aber lange, bis die alte Schönheit der Wuchsform wieder hergestellt ist.

Hortensien

Smart

> **Garten Hortensien** (*Hydrangea macrophylla*) blühen am zweijährigen Holz, das heißt, dass sie über den Sommer an den Triebspitzen die Blütenknospen für das nächste Jahr bilden. Daher werden im Frühjahr nur schwache oder vergreiste Triebe entfernt und jüngere nicht eingekürzt. Einzelne neuere Sorten ('Endless Summer') und Rispenhortensien (*H. paniculata*) blühen an den einjährigen, also diesjährigen Trieben, sie sollten daher im Frühjahr zurückgeschnitten werden.

Bäume schneiden

Bäume zeichnen sich dadurch aus, dass sie einen Stamm bilden. Je nach Art ist meist auch erwünscht, dass sich dieser Stamm gerade nach oben fortsetzt und keine Krümmungen oder Verzweigungen bildet. An

Bei richtigem Schnitt bilden Bäume einen geraden Stamm.

Straßen ist besonders darauf zu achten, dass bis etwa 4 m Höhe die Stammverlängerung auch in jungen Jahren der Pflanze so wächst, dass Seitenäste später entfernt werden können, damit Lastwagen und Baum sich nicht gegenseitig beschädigen. Starke, neben dem Leittrieb aufrecht wachsende „Konkurrenztriebe" werden also entfernt. Bei vielen Gattungen sollte vermieden werden, dass der Stamm sich gabelt und dadurch Zwillen gebildet werden. Denn an solchen Gabelungen werden die Pflanzen besonders bruchempfindlich. Vor allem Robinien (*Robinia*) und Silber-Ahorn (*Acer saccharinum*) brechen dann bei Sturm leicht entzwei (siehe Seite 57). Ansonsten können die Kronen ausgelichtet werden und kranke Äste, die zu faulen drohen, werden aus Sicherheitsgründen entfernt. Eine regelmäßige Kappung von Bäumen, die in manchen Regionen Tradition hat, ist nicht ratsam (siehe Seiten 14/15). Für stark wachsende Arten muss ausreichend Standraum vor-

Smart

Naturschutz beachten

> **Laut Bundesnaturschutzgesetz** dürfen Bäume und Hecken in der freien Landschaft nur von Anfang Oktober bis Ende Februar stark geschnitten oder gefällt werden. Für Hausgärten gilt diese Vorschrift zwar nicht, sollte wegen des Vogelschutzes aber möglichst trotzdem beachtet werden. In einigen Städten und Gemeinden gibt es auch Baumschutzsatzungen, die für Fällungen und starke Schnittmaßnahmen Genehmigungen verlangen.

handen sein oder es müssen kleinkronige Sorten gepflanzt werden.
Manche Baumarten wie Linden (*Tilia*) neigen dazu, am Stamm oder an der Pflanzenbasis regelmäßig neu auszutreiben. Das schadet der Pflanze zwar nicht, sieht aber unschön aus. Solche Stammaustriebe sollten daher möglichst schnell entfernt werden. Je länger damit gewartet wird, desto mehr Triebe bilden sich.

Trauerformen

Neben der natürlichen Wuchsform werden gern Kugel- oder Trauerformen von Bäumen in Gärten gepflanzt, die meist weniger Platz brauchen. Dafür werden kompakt wachsende oder hängende Sorten in Stammhöhe auf andere Sorten veredelt.

Bei den Hänge- oder Trauerformen werden die nach unten hängenden Zweige ausgelichtet, wenn sie zu tief hängen und auf ungleiche Längen zurückgeschnitten. Sie wie eine Bubikopf-Frisur unten mit der Heckenschere einzukürzen, schadet der Pflanze zwar nicht, nimmt dem Habitus der Pflanze aber seine Schönheit und sollte daher unterlassen werden.

Kugelformen

Kugelformen, zum Beispiel von Ahorn (*Acer platanoides* 'Globosum'), Robinie (*Robinia pseudoacacia* 'Umbraculifera') oder Trompetenbaum (*Catalpa bignonioides* 'Nana'), werden mit der Zeit recht groß, sodass sie in vielen Fällen zurückgeschnitten werden müssen. Das sollte aber rechtzeitig und vorsich-

Wenn die Krone des Kugel-Ahorns (*Acer platanoides* 'Globosum') zu groß wird, werden seine Zweige ungleichmäßig zurückgeschnitten.

tig geschehen, eine Kappung (siehe Seiten 14/15) ist wie bei anderen Baumformen nicht ratsam. Schon früh, sobald erkennbar wird, dass die Krone zu viel Platz einnimmt, werden die längsten Triebe an ihren Entstehungsstellen entfernt oder stark zurückgeschnitten. Es müssen genügend junge Zweige stehen bleiben, damit die Krone ihr natürliches Aussehen behält. Sind diese Triebe immer noch zu lang, können sie auf ungleiche Länge zurückgeschnitten werden.

Kletterpflanzen schneiden

Kletterpflanzen begrünen auf unterschiedliche Art und Weise Gerüste oder Wände. Der Schnitt richtet sich daher nach ihren Wuchseigenschaften.

Efeu

Viele Kletterpflanzen, wie Efeu (*Hedera*) oder Wilder Wein (*Parthenocissus* 'Veitchii'), die sich mit Haftwurzeln direkt an der Hauswand verankern, lässt man meist solange ungehindert wachsen, bis sie die gewünschte Fläche bedeckt haben. Dann wird ihr Wachstum durch Schnitt begrenzt. Dabei ist natürlich besonders zu beachten, dass sie nicht mit ihrem Wachstum die Funktion von Dachkonstruktionen stören oder den Wasserablauf behindern. Die genannten Arten vertragen im Frühjahr vor dem Austrieb auch starken Rückschnitt, allerdings bleiben Reste von Trieben und Haftwurzeln am Mauerwerk kleben und hinterlassen dadurch hässliche Spuren. Am besten werden sie also regelmäßig begrenzt, aber nur im Notfall stark zurückgeschnitten.

Clematis schmückt auch mit silbrig glänzenden Fruchtständen.

Clematis und andere

Viele Kletterpflanzen, die sich mit Blättern oder Trieben an einem Gerüst verankern, werden im Wachstum durch die Größe ihrer Rankhilfe begrenzt. Wenn sie keinen Halt mehr finden, hängen ihre Triebe über und werden entfernt. Dabei sollten Sie auch kontrollieren, ob einzelne Ranken nicht doch Halt in der Dachkonstruktion gefunden haben und dort stören. Die oberirdischen Triebe großblumiger Clematis-Hybriden wie 'Nelly Moser' oder *Clematis-viticella*-Hybriden neigen dazu, durch Frosteinwirkung oder Pilzbefall im Winter oder frühen Frühjahr abzusterben. Aus dem Boden bilden sich schnell neue Triebe, die im Sommer reich blühen. Bei diesen Sorten hat sich bewährt, sie jährlich vor dem Austrieb über dem Boden abzuschneiden. Dann können sich neue Bodentriebe mit reichen Blüten im Sommer besonders gut entfalten. Das sollte allerdings auf keinen Fall bei den im Frühjahr am älteren Holz blühenden Sorten vieler Ar-

Dieser Blauregen (*Wisteria*) schmückt den Garten durch überreichen Blütenbesatz.

ten wie *Clematis montana*, *C. alpina* oder *C. tangutica* getan werden, da diese dann nicht blühen.

Blauregen

Blauregen (*Wisteria*) können zwei- bis dreimal im Jahr blühen. Nach der ersten Blüte im April/Mai werden die Triebe stark zurückgeschnitten. An den Neutrieben entsteht im Juni/Juli eine zweite Blüte. Unter günstigen Bedingungen kann später noch eine dritte Blüte folgen. Manche Blauregen neigen zur Blühfaulheit, das heißt sie bilden auch einige Jahre nach der Pflanzung noch keine Blü-ten, sondern nur lange Ranken. Meist handelt es sich dann um Sämlinge von *Wisteria sinensis*, die im Gegensatz zu veredelten Sorten wie 'Macrobotrys' von Natur aus schlecht blühen. Leider kann diese Blühfaulheit weder durch Schnitt, noch durch Düngung oder andere Maßnahmen beeinflusst werden. Entweder man übt sich in Geduld und wartet darauf, dass die Pflanze irgendwann blüht, oder man ersetzt sie durch eine veredelte Sorte.

Rosen schneiden

Rosen haben relativ weiches Holz, das im Winter leicht unter Frostschäden leidet. Sie treiben aber auch aus alten Trieben sehr willig wieder aus.

Pflanzschnitt

Wurzelnackte Rosen (ohne Topf) werden meist in Kühlhäusern überwintert und verlieren dort einen erheblichen Teil ihres Wasservorrats. Vor der Pflanzung im Frühjahr ist es daher ratsam, sie 24 Stunden lang in Wasser zu tauchen, damit sie die verlorene Feuchtigkeit auffüllen. Nur wenn die Knospen schon deutlich ausgetrieben sind, weil sie zum Beispiel im Verkaufseinschlag der Baumschule schon ausreichend Wasser bekommen haben, oder bei getopften Pflanzen kann das Tauchen unterbleiben. Bei der Pflanzung müssen Sie unbedingt darauf achten, dass die Wurzeln und die Triebe auf etwa ein Drittel eingekürzt werden. Rosen werden besonders tief eingepflanzt, sodass die Veredlungsstelle, an denen die Triebe ihre unterste Verzweigung bilden, 5 cm unter die Bodenoberfläche kommt und dort vor starken Frösten geschützt ist.

Beetrosen

Beetrosen (Polyantha- und Floribunda-Hybriden) und Schnittrosen (Teehybriden) werden im Frühjahr nach

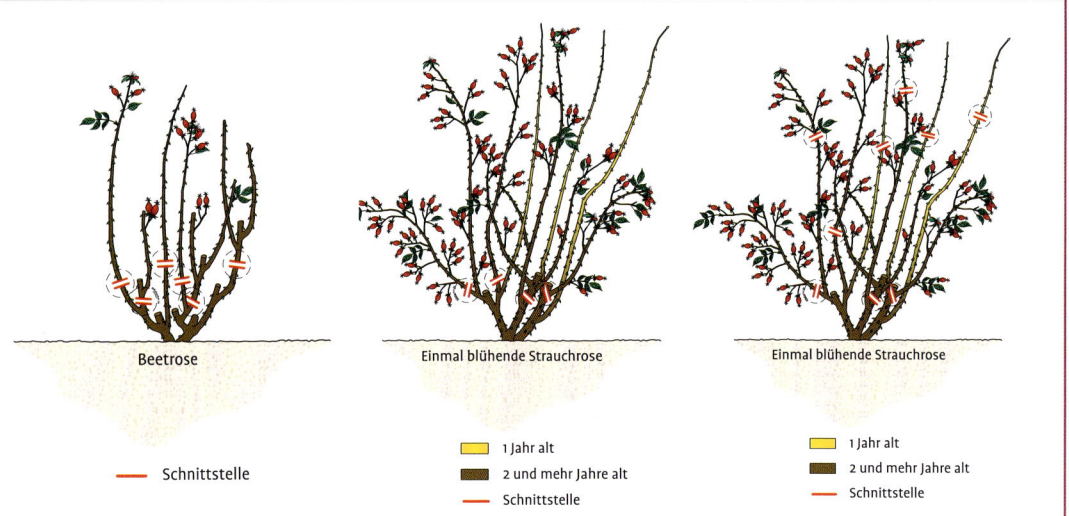

Beetrose

—— Schnittstelle

Einmal blühende Strauchrose

▢ 1 Jahr alt
▨ 2 und mehr Jahre alt
—— Schnittstelle

Einmal blühende Strauchrose

▢ 1 Jahr alt
▨ 2 und mehr Jahre alt
—— Schnittstelle

Bei Beetrosen werden Zweige im Frühjahr auf etwa 20–40 cm Länge zurückgeschnitten, bei mehrfach blühenden Strauchrosen auf 1–2 m Länge. Einmal blühende Strauchrosen müssen einen Teil der jüngeren Triebe im Frühjahr behalten, damit sie blühen.

Diese Beetrosen wurden auf etwa 30 cm Höhe zurückgeschnitten.

den letzten starken Frösten etwa im April auf 20 bis 40 cm Trieblänge zurückgeschnitten, um erfrorene Triebspitzen zu entfernen und die Bildung von jungen Blütentrieben zu fördern. Nach der ersten Blüte im Juni/Juli werden die verblühten Triebspitzen abgeschnitten, damit sie keine Kraft an die Bildung von Früchten verlieren, sondern schnell wieder Knospen für den nächsten Blütenflor bringen. Je tiefer geschnitten wird, desto kompakter und dichter wird die Pflanzung, aber desto später kommt der Neuaustrieb mit dem nächsten Flor. Nach jedem Flor werden die verblühten Triebe entfernt, bis der Herbst kommt. Je nach

Witterung und Sorte können Rosen bis kurz vor Weihnachten blühen! Wenn die Pflanzen im Herbst verblüht sind, kann ein leichter Schnitt durchgeführt werden, bei dem lange oder störende Triebe entfernt werden. Allerdings sollte zu diesem Zeitpunkt nicht zu stark geschnitten werden, sonst leidet die Frosthärte.

Mehrfach blühende Strauchrosen

Bei mehrfach blühenden Strauchrosen werden im Frühjahr dünne und abgestorbene sowie alte vergreiste Triebe entfernt

und die verbliebenen, jungen starken Triebe je nach Wuchsstärke der Sorte und gewünschter Pflanzengröße auf 1 bis 3 m Länge zurückgeschnitten. Wie bei

Rosen ohne Dornen

> **Anders als das Sprichwort** „Keine Rose ohne Dornen" vermuten lässt, besitzen Rosen Stacheln und keine Dornen. Stacheln sind Ausstülpungen der Rinde, während Dornen aus Zweig- oder Blattanlagen gebildet werden und fest mit dem Holz verbunden sind. Spitz sind beide.

Smart

Ziersträuchern sollten die verbliebenen Triebe auf etwas ungleiche Längen geschnitten werden. Die stärkeren Triebe bleiben länger und die schwächeren werden stärker eingekürzt. Diese Sorten, die in der Regel gefüllt sind, sollten wie Beetrosen behandelt und nach der ersten Blüte von den abgeblühten Fruchtständen befreit werden, damit mehr Kraft in den nächsten Blütenflor, statt in die Fruchtbildung geht. Die gleiche Pflege gilt auch für sogenannte Englische Rosen, etwa des Züchters David Austin oder anderen. Das

sind moderne Sorten mit nostalgischem Flair des Blütenaufbaus.

Einmal blühende Strauchrosen und Wildrosen

Wildrosen und einmal blühende Strauchrosen (zum Beispiel Moosrosen, Zentifolien) werden normalerweise nicht zurückgeschnitten, sondern eher ausgelichtet, da sie nicht am jungen Holz blühen. Bei ungefüllten, einmal blühenden Sorten und Wildrosen werden die ver-

blühten Triebspitzen nicht abgeschnitten, damit sich die attraktiven Früchte (Hagebutten) bilden können. Nachdem kein zweiter Blütenflor zu erwarten ist, den die Fruchtbildung behindern würde, sollten Sie bei den einmal blühenden Sorten nicht auf den Fruchtschmuck verzichten.

Kletterrosen

Es gibt einmal und mehrfach blühende Kletterrosen. Sie sind ähnlich zu behandeln wie die einmal und die mehrfach blühenden Strauchrosen. Kletterrosen bilden allerdings wesentlich längere Triebe aus, die an einer Rankhilfe angebunden werden müssen. Je nach Wuchsstärke der Sorte und vorhandenem Platz schneidet man die Pflanzen im Frühjahr auf etwa 2 bis 4 m Höhe zurück.

Rosenstämme

Stammrosen sind Beet-, Schnitt- oder Zwergrosen-Sorten, die auf Stämme von Wildrosen veredelt wurden. Schneiden Sie die Kronen im Frühjahr ähnlich wie bei Büschen auf eine Länge von etwa 20 cm zurück. Der Sommerschnitt wird genau

Beetrosen der Sorte 'Matthias Meilland' bilden ein Farbenfeuer.

wie bei den als Busch veredelten Pflanzen durchgeführt. Die Veredlungsstelle in der Krone ist allerdings etwas empfindlicher gegen Frosteinwirkung als die Veredlungsstelle der Büsche im Boden, daher muss sie geschützt werden. Früher wurden die Stämme im späten Herbst nach unten gebogen und in den Boden eingesenkt. Wegen der Bruchgefahr der Stämme bei dieser Prozedur verzichtet man heute meist darauf und umwickelt die Kronen einschließlich der Veredlungsstelle mit isolierendem Material (Schattenleinen, keine Folie), um sie gegen die austrocknende Wirkung von Kahlfrösten zu schützen.

Rosen (hier die Strauchrose 'Lichtkönigin Lucia') lassen sich gut mit einer Unterpflanzung aus Lavendel kombinieren.

Gesunde Rosen

> **Rosen gelten allgemein als sehr krankheitsanfällig.** Inzwischen sind allerdings viele robuste Sorten auf dem Markt (ADR-Rosen), die weniger anfällig sind. Die richtigen Standortbedingungen, wie ein sonniger Platz, bedarfsgerechte Düngung und guter Boden können zur Gesunderhaltung erheblich beitragen.

Smart

Wildtriebe

Rosen sind meist veredelt, ihre Wildtriebe sind stumpfgrün gefärbt und blühen im ersten Jahr nicht. Die Blätter sind aus sieben Einzelblättchen zusammengesetzt, bei den Edelsorten bestehen die Blätter dagegen oft aus fünf rötlich glänzenden Blättchen. Wildtriebe an den Stämmen oder bei Büschen aus dem Boden, müssen schnell entfernt werden, um die Edelsorten gesund und wüchsig zu halten (siehe Seite 20).

Rosen für die Vase

Nicht nur Teehybriden, sondern auch Beet-, Strauch- und Kletterrosen eignen sich für den Schnitt von Blumensträußen. Dafür sind sie reif, wenn die Knospen ihre grünen Kelchblätter nach unten drehen. Sehr locker gefüllte Sorten sollten etwas weiter entwickelt sein, Englische Rosen möglichst schon aufgeblüht. Am besten halten sie sich, wenn man sie frühmorgens schneidet.

Nadelgehölze schneiden

Je nach Gattung und Verwendungszweck werden die meist immergrünen Nadelgehölze (Koniferen) sehr unterschiedlich geschnitten.

Fichten und Tannen

Fichten (*Picea*), Tannen (*Abies*), Douglasien (*Pseudotsuga*) und ähnliche Gattungen werden normalerweise nicht geschnitten. Man lässt sie solange wie möglich frei wachsen. Wenn große Pflanzen zu breit werden, kann man sie von

unten aufasten und die Breite durch leichtes, unregelmäßiges Einkürzen der Seitentriebe etwas begrenzen. Einzelne störende Äste können natürlich entfernt werden. Die Spitze des Baumes sollte aber nicht gekappt werden, da sich nur sehr langsam eine neue bildet. Die gekappten Pflanzen verlieren für viele Jahre oder gar für immer ihre Schönheit.

Wenn bei Tannen und Fichten die Spitze des Leittriebs beschädigt ist,

> **Smart**

> ### Schnittige Eibe
>
> > Unter den Nadelgehölzen ist die Eibe (*Taxus*) am schnittverträglichsten. Selbst bei Rückschnitt auf dickste Äste oder Stämme treiben diese wieder aus. Allerdings ist auch für die Eibe ein solch starker Rückschnitt eine Belastung. Die Pflanze braucht Jahre, bis sie ihn überstanden und sich wieder zur vollen Schönheit entfaltet hat.

Diese Kiefer entfaltet ihre Schönheit am besten ohne Schnitt.

sollte man versuchen, die Pflanze bei der Bildung eines neuen Leittriebs zu unterstützen, sofern das möglich ist. Wenn nur die Terminalknospe selbst abgestorben ist, wird sie entfernt und der Trieb darunter bis auf eine Seitenknospe zurückgeschnitten. Der daraus entstehende Trieb wird dann an einem Stab aufgebunden und möglichst gerade nach oben gezogen. Ähnlich starke Konkurrenztriebe werden entfernt oder stark eingekürzt. Es kann einige Jahre dauern, bis der neue Mitteltrieb von sich aus gerade wächst und nicht mehr an einem Stab aufgebunden zu werden braucht.

Kiefern

Auch Kiefern (Pinus) vertragen stärkeren Schnitt verhältnismäßig schlecht. Frei gewachsene Pflanzen sollten daher möglichst nicht geschnitten werden. Nur einzelne, störende oder beschädigte Seitenäste können jederzeit entfernt werden. Bonsai-Formen, die dem natürlichen Wachstum der Pflanzen nahe kommen, werden sehr vorsichtig und langsam über mehrere Jahre hinweg gestaltet. Beim Pflegeschnitt werden die jungen Austriebe („Kerzen") im Mai eingekürzt, da sich bei späteren Terminen an den Schnittstellen keine oder nur sehr wenige neue Knospen bilden. Sie können die Triebe mit der Schere abschneiden, da dabei aber die jungen Nadeln beschädigt werden, bricht man sie am besten mit den Fingern ab.

Zypressengewächse

Scheinzypressen (Chamaecyparis), Lebensbaum (Thuja), Wacholder (Juniperus)

Eiben treiben nach einem Rückschnitt auch aus alten Stämmen bereitwillig wieder aus.

und Leyland-Zypresse (Cupressocyparis) vertragen regelmäßigen Formschnitt recht gut. Sie verzweigen sich dadurch dicht und können zu geometrischen Hecken oder Formgehölzen gezogen werden. Da sie aus dem alten Holz schlecht austreiben, können sie allerdings nicht so stark wie Eiben zurückgeschnitten

werden. Am Ende des Triebes muss immer ein gut belaubter Zweig stehen bleiben. Bei Pflanzen, die nicht zu geometrischen Formen geschnitten werden, sollten Äste, die eingekürzt werden müssen, immer auf eine Triebverlängerung geschnitten werden. Dann bilden sich keine unnatürlich aussehenden ebenen Flächen.

Rhododendren und Immergrüne

Schattige Bergwälder sind die Heimat der meisten Alpenrosen (Rhododendron). Die Pflanzen leiden an vielen Standorten unter Sonne, trockener Luft und kalkhaltigen, humusarmen Böden, die ihr Wachstum bremsen.

Blütenstände

Bei Großblumigen Rhododendron-Hybriden ist es sinnvoll, nach der Blüte die Blütenstände zu entfernen, damit die Pflanze all ihre Kraft in die neuen Triebe und Blütenknospen steckt, und nicht in die Ausbildung von Früchten. Dabei sollte der abgeblühte Blütenstand vorsichtig zwischen Daumen und Zeigefinger so abgebrochen werden, dass die darunter sitzenden Triebknospen nicht beschädigt werden. Bei kleinblumigen Sorten oder bei sehr großen Pflanzen sind meist so viele Blütenstände vorhanden, dass man sie nicht mehr ausbrechen kann. Die Pflanzen wachsen dann etwas schwächer, werden dadurch aber nicht ernsthaft geschädigt.

Diese Gartenazalee besticht durch Farbe und Duft.

Rhododendron-Schnitt

Großblumige Rhododendron-Hybriden sind schnittverträglicher als oft angenommen wird. Aus manchen Sorten ('Cunningham's White', 'INKARHO Dufthecke') werden auf günstigen Standorten sogar geometrische Hecken geschnitten. Wenn Rhododendren zu groß geworden sind, ist auch ein Rückschnitt in den unbelaubten Bereich möglich. Allerdings müssen die Pflanzen gesund und wüchsig sein, denn anders als bei vielen Ziersträuchern würden vergreiste oder kranke Pflanzen zu schwach austreiben. Der günstigste Zeitpunkt für den Rückschnitt ist der März. Sie verlieren dann zwar in diesem Jahr die Blüte, die Pflanze hat aber viel Zeit für den Neuaustrieb. Bis zum Herbst kann sie gut ausreifen, wodurch sich die Frosthärte verbessert. Bevor Sie eine Alpenrose wegen ihrer Größe stark zurückschneiden, sollten Sie überlegen, ob Sie sie nicht stattdessen aufputzen können, was ihr

Alternativ zum Rückschnitt können Rhododendren auch aufgeastet werden.

ihre erdrückende Wirkung nimmt. Auch in der Natur wachsen Rhododendren meist eher zu lockeren klei-

Rhododendron-Knospensterben

> **Beim Ausbrechen** der abgeblühten Blütenstände sollten Rhododendren auch auf abgestorbene, braune Blütenknospen untersucht werden. Ursache des Knospensterbens ist meist ein Pilz (*Seifertia azaleae*). Tote Knospen sollten entfernt und vernichtet werden, um den Infektionsdruck zu senken. Eine direkte Bekämpfungsmöglichkeit durch Fungizide gibt es nicht.

nen Bäumen und nicht wie in unseren Gärten zu dichten, geschlossenen Büschen. Mit einer Unterpflanzung aus schattenverträglichen, blühenden Bodendeckern kann man durch Aufputzen aus einer „grünen Wand" von Rhododendronzweigen leicht wieder eine attraktive, abwechslungsreiche Pflanzung machen.

Buchsbaum und andere Immergrüne

Je nach Gattung, Art und Sorte vertragen viele immergrüne Gehölze Schnittmaßnahmen sehr gut. Buchs-

baum (*Buxus*) zum Beispiel ist eine der schnittverträglichsten Pflanzen überhaupt und treibt auch aus sehr altem Holz wieder aus. Auch die Lorbeerkirsche (*Prunus laurocerasus*) lässt sich recht gut zurückschneiden, genau wie immergrüne Sorten des Schneeballs (*Viburnum*). Aber für alle immergrünen Gehölze gilt, dass starker Rückschnitt ein heftiger Eingriff in die Lebensvorgänge der Pflanzen ist, der sie schwächt, denn durch den Blattverlust verlieren sie viele Reservestoffe. Am besten sollten Sie den Schnitt vor dem Austrieb durchführen, also etwa im März.

Hecken schneiden

Hecken werden vor allem gepflanzt um Schutz vor Wind, Sonne und neugierigen Blicken zu geben. Sie können aus ungeschnittenen Ziersträuchern bestehen. Um Platz zu sparen, werden aber auch gern schnittverträgliche immergrüne oder laubabwerfende Gehölze gewählt und dann durch regelmäßigen Schnitt in einer schmalen, geometrischen Form gehalten. Bei der Pflanzung sollte darauf geachtet werden, dass die Baumschulgehölze bis nach unten dicht verzweigt, gesund und wüchsig sind, sonst wird die Hecke später von unten her recht schnell kahl.

Pflegeschnitt

Der regelmäßige Erhaltungsschnitt beginnt je nach verwendeter Gattung meist im Mai oder Juni, wenn die neuen Triebe anfangen auszuhärten und die Hecke ihre Form verliert. Wenn die Pflanzen erneut ausgetrieben haben, die Zweige lang werden und verhärten, wird das zweite Mal geschnitten. Je nach Pflanzengattung und Standort kann das im Juli, August, September oder Oktober sein. Hat man den Schnitt im Sommer versäumt, kann er auch noch im Herbst oder Winter nachgeholt werden. Wenn der zweite Schnitt sehr früh im

Sommer geschieht, kann auch noch ein dritter Schnitttermin notwendig werden. Bei den meisten Gehölzen spielt der genaue Schnittzeitpunkt keine so große Rolle, wie oft vermutet wird.

Um eine oder zwei gerade Kanten an der Oberseite der Hecke schneiden zu können, empfiehlt es sich eine dünne Schnur zu spannen und damit die Schnittkante vorzugeben.

Durch ihren akrotonischen Wuchs (siehe Seiten 10/11) neigen alle Heckenpflanzen dazu, oben stark auszutreiben, im unteren Bereich zu kümmern und locker zu werden. Wer eine auch an der Basis dichte Hecke haben will, sollte sie daher trapezförmig schneiden, das heißt oben etwas schmaler als unten. Dadurch wird ein dichter Neuaustrieb im unteren Bereich gefördert. Bei sehr austriebswilligen Gattungen wie Eibe (*Taxus*) oder Buchsbaum (*Buxus*) bleiben auch senkrechte Heckenwände noch sehr dicht, die Oberseite darf aber nie breiter werden als die Basis der Hecke.

Sonnenbrand vorbeugen

> Wenn Zweige vom Neuaustrieb überwachsen wurden und längere Zeit nicht der Sonne ausgesetzt waren, können sie nach dem Schnitt, durch den sie wieder ans Licht kommen, unter Sonnenbrand leiden. Die Blätter werden dann grau oder braun. Da die Triebe selbst gesund bleiben, werden sie dadurch allerdings meist nicht nachhaltig geschädigt, sondern sehen nur bis zum Neuaustrieb unattraktiv aus. Die einzige Möglichkeit Sonnenbrand zu verhindern ist daher, die geschnittenen Partien zu schattieren bis bedecktes, wechselhaftes Wetter eintritt.

Schnittzeitpunkte für Buchsbaum

> **Buchsbaum** (*Buxus*) sollte möglichst nicht Ende August geschnitten werden, da er dann dazu neigt im September mit einem neuen Austrieb zu beginnen, der bei den ersten Frösten im Herbst erfrieren kann und dann hässlich aussieht. Solche Frostschäden beeinträchtigen aber nicht die Pflanzengesundheit.

Rückschnitt

Bei alten, zu breit oder zu hoch gewordenen Hecken ist manchmal ein starker Rückschnitt notwendig. Für Buchsbaum, Eibe oder Hainbuche ist das kein Problem, bei Rot-Buche (*Fagus*) schon eher. Lebensbaum (*Thuja*) oder Scheinzypresse (*Chamaecyparis*) vertragen keinen starken Rückschnitt in das unbenadelte Holz, da sie dort nicht wieder neu austreiben können.

Sind die Mitteltriebe gerade gewachsen, können sie und die Seitenäste soweit wie nötig eingekürzt werden. Sind keine geraden Mitteltriebe vorhanden, ist zu

Diese Eibenhecke ist besonders akkurat geschnitten.

überlegen, ob die Hecke „auf den Stock gesetzt" wird, das heißt bis etwa 20 cm über den Boden zurück geschnitten wird. Der Neuaustrieb wird dann gestäbt, damit er gerade nach oben wächst.

Sehr alte, breite Hecken aus wenig austriebsfreudigen Gehölzen wie der Rotbuche

(*Fagus*) können zunächst von einer Seite zurückgeschnitten werden und im folgenden Jahr von der anderen. Die Pflanzen erholen sich dadurch schneller als bei einmaligem Schnitt. Wie üblich sollte der Rückschnitt vor dem Austrieb stattfinden, also von März bis Anfang April.

Formgehölze schneiden

Wie bei geometrischen Hecken ist bei Formgehölzen darauf zu achten, dass sie nicht „kopflastig" werden. Der obere Bereich der Pflanzen, der von Natur aus stärker wächst als der untere, muss also kleiner gehalten werden als die Pflanzenbasis. Stehen zum Beispiel mehrere Kugeln übereinander, sollte die oberste am kleinsten und die unterste am größten sein. Gleiche Größe ist noch akzeptabel. Ansonsten gelten ähnliche Grundsätze wie für den Schnitt geometrischer Hecken. Großblättrige Sorten, zum Beispiel von Lorbeerkirschen, sind nicht so gut geeignet wie kleinblättrige, da sich mit großem Laub nicht so leicht der Eindruck einer „glatten" Fläche erzeugen lässt.

Die Schnittzeitpunkte sind auf den Seiten 46/47 beschrieben, für Kiefern auf Seite 43. Stärkere Maßnahmen beim Erziehungsschnitt sollten wie bei allen Pflanzen im Frühjahr vor dem Austrieb und nicht kurz vor oder nach dem Verpflanzen durchgeführt werden.

Geometrische Formen

Einfache geometrische Formen wie Kugel oder Kegel werden meist frei Hand nach Augenmaß geschnitten. Mithilfe von Bambusstäben und Zollstock kann die Form kontrolliert und nötigenfalls korrigiert werden. Bei Pflanzen mit viereckiger Grundform (Würfel, Pyramide) wird zunächst eine provisorische Schablone aus Bambusstäben angefertigt, die die Grundform der Pflanze vorgibt. Nach einoder zweimaligem Schnitt kann sie meist entfernt werden, und der Pflegeschnitt folgt dann nach Augenmaß.

Figuren mit Schablonen

Skulpturen lassen sich nur schwer nach Augenmaß formieren, meist werden Schablonen benötig. Man stellt diese aus dickem, bis zu 4 mm starkem Draht her, den man an den Verbindungsstellen verschweißt oder mit dünnerem Draht fixiert. Größere Flächen können mit Sechseckgeflecht („Kaninchendraht") abgedeckt werden. Die Schablone wird dann an einer schnittverträglichen Pflanze wie Buchsbaum oder Eibe so befestigt, dass sie mehrere Jahre daran verbleiben kann und durch regelmäßigen Schnitt die Skulptur entsteht.

Gefüllte Schablonen

> Gelegentlich werden auch Schablonen verwendet, die mit Torf und Sphagnummoos gefüllt sind und mit Kletterpflanzen wie Efeu oder mit kompakten Beetpflanzen bepflanzt werden.

> Durch die Kombination mehrerer Arten und Sorten können sogenannte „Pflanzenmosaike" kreiert werden, die allerdings oft nicht sehr langlebig sind.

Wie eine Murmel der anderen gleichen sich diese Kugeln aus Buchsbaum.

Asienformen

In den letzten Jahren sind verschiedene Asienformen in Mode gekommen, die häufig fälschlich als „Groß-Bonsai" bezeichnet werden. In Wirklichkeit handelt es sich um Formen, die an die japanischen „Niwaki", an Pompon-Formen oder den Wolkenschnitt angelehnt sind. Diese haben mit den Bonsai gemeinsam, dass sie Altersformen nachbilden. Die Ausgangspflanzen sollten von ihrem Aufbau her der gewünschten Form ent-

sprechen. Die Seitenzweige werden dann eingekürzt und so ausgelichtet, dass nur

Bonsai

> **Bonsai** bedeutet auf Japanisch „Baum in Schale". Die Zweige und Wurzeln dieser Pflanzen, die in Schalen wachsen, werden viele Jahre lang geschnitten und formiert, sodass sie sehr klein bleiben. Dabei spielen bestimmte Vorbilder typisierter Altersformen eine wichtige Rolle.

Smart

noch die passenden Äste stehen bleiben. Die Zweige sollten harmonisch verteilt sein und sich nicht überkreuzen. An den Enden werden flache Teller, Kugeln (Pompons) oder Wolken geformt, wofür etwa 3 bis 6 Jahre Zeit notwendig sind. Meist kann dieser Erziehungsschnitt in einem Schritt durchgeführt werden, nur bei Kiefern sollten die überflüssigen Zweige über mehrere Jahre verteilt entfernt werden, damit die Pflanzen nicht zu viele Nadeln auf einmal verlieren.

Spezial

Schnittige Kübelpflanzen

Immer mehr Eigenheime besitzen Wintergärten oder Gewächshäuser, die sich zur frostfreien, hellen Überwinterung von Kübelpflanzen eignen, die Terrasse und Garten mediterranes Flair verleihen können.

Vor dem Einräumen ins Winterquartier wird allgemein ein leichter Rück- und Auslichtungsschnitt durchgeführt, auch um Platz zu sparen. Wenn die Pflanzen im Frühjahr ins Freiland gebracht werden, ist bei vielen Pflanzenarten ein weiterer Rückschnitt sinnvoll. Nur echte Palmen dürfen nicht geschnitten werden, da sie nicht aus ihrem Stamm austreiben, im Gegensatz zu palmenähnlichen Pflanzen wie *Yucca*.

Nach dem Ausräumen sollten die Kübelpflanzen zunächst schattig gestellt werden, um Sonnenbrand zu vermeiden. Alle ein bis drei Jahre sollten die Pflanzen im Frühjahr in ein größeres Gefäß umgetopft werden. Ist das aus Platzgründen nicht möglich, topft man sie mit neuer Erde in das alte Gefäß. Vorher werden ihre Triebe zurückgeschnitten, die alte Erde vom äußeren Teil des Ballens vorsichtig entfernt und die Wurzeln etwas eingekürzt.

1 Orangen und Zitronen zieren nicht nur durch ihre Blüten, sondern vor allem durch ihre Früchte. Sie vertragen zwar einen recht starken Schnitt und treiben kräftig aus dem älteren Holz aus, aber die Früchte vom Vorjahr und die Knospen fürs kommende Jahr gehen dabei verloren. Daher wird im Frühjahr normalerweise nur ein leichter Form- und Auslichtungsschnitt durchgeführt, ebenso wie im Herbst vor dem Einräumen.

2 **Oleander** setzt seine Blütenknospen im Winter an, daher wird im Frühjahr kein starker Rückschnitt durchgeführt. Alte, vergreiste Triebe können ähnlich wie bei frostharten Ziersträuchern in der Nähe der Basis abgeschnitten werden, um die Bildung junger Triebe zu fördern. Beim Schnitt sollten Sie darauf achten, dass die gesamte Pflanze stark giftig ist und ihr Saft nicht in Mund, Augen oder Wunden gelangen darf. Im Herbst können abgeblühte Blüten und Fruchtstände entfernt werden.

3 **Fuchsien** blühen reichlich am jungen Holz und können daher im Frühjahr stark zurückgeschnitten werden, besonders wenn die im Winterquartier gewachsenen Triebe durch Blattlausbefall oder Lichtmangel schwach sind. Über Sommer wird durch regelmäßiges Entspitzen (Pinzieren) ein dichter Wuchs gefördert. Die (essbaren!) Früchte sollte man entfernen, damit sich mehr Blüten bilden. Vor dem Einräumen im Herbst kürzen Sie die Triebe um etwa ein Drittel ein.

Der richtige Zeitpunkt

Januar & Februar

> Bei günstigem Wetter kann die arbeitsarme Zeit für Schnittmaßnahmen an frostharten Pflanzen genutzt werden. Wegen des Vogelschutzes sollten Fällungen und sehr starke Schnittmaßnahmen von Anfang Oktober bis Ende Februar durchgeführt werden.

März

> Nach den letzten starken Frösten können auch frostempfindliche Gehölze und Besenheide (Calluna) geschnitten werden.
> Wenn bei Hecken, Ziersträuchern oder anderen Gehölzen ein Verjüngungsschnitt nötig ist, ist nun ein guter Zeitpunkt dafür.
> Wurzelnackte Gehölze und Rosen werden am besten gepflanzt bevor sie austreiben. An den Pflanzschnitt denken!

April

> Containerpflanzen können auch nach dem Austrieb gepflanzt werden, selbst in den Sommermonaten.
> Frühjahrsblüher wie Forsythien, Mandelbäumchen oder Schneeheide schneidet man am besten direkt nach der Blüte.
> Rosen können jetzt zurückgeschnitten werden.
> Pflanzen in Kübeln werden im April/Mai zurückgeschnitten und umgetopft.

Mai & Juni

> Bei Kiefern-Formen werden im Mai die jungen Triebe eingekürzt.
> Der Pflegeschnitt von geometrischen Hecken und Formgehölzen aus Buchsbaum beginnt Anfang Mai, später folgen Eiben, Hainbuchen und die anderen Gattungen.
> Bei Bedarf werden an Rhododendren abgeblühte Blütenstände entfernt.

Juli & August

> Wenn nötig, wird ein zweiter Pflegeschnitt bei geometrischen Hecken und Formgehölzen durchgeführt. Buchsbaum möglichst nicht in der zweiten Augusthälfte schneiden.
> Um das „Bluten" bei Gehölzen zu vermeiden (Ahorn, Walnuss und andere), ist jetzt ein günstiger Schnittzeitpunkt.
> Gehölze, deren Holz empfindlich für Pilzkrankheiten ist (Ahorn, Zierkirschen), schneidet man am besten im Sommer.
> Abgeblühte Blütenstände bei Rosen werden nach der Blüte entfernt.

September

> Jetzt wird bei Hecken und Formgehölzen der letzte Schnitt durchgeführt.
> Das Laub beginnt sich langsam zu verfärben. Rächen Sie es regelmäßig zusammen, besonders auf Gehwegen, sonst steigt die Unfallgefahr.

Oktober & November

> Nach dem Laubfall ist ein günstiger Zeitpunkt zur visuellen Kontrolle auf Schäden oder mögliche Bruchstellen (Zwillen), die die Standsicherheit von Bäumen beeinträchtigen können.

Dezember

> Der Winter ist eine günstige Zeit zum Fällen von Bäumen. Dabei muss in manchen Gemeinden auf Baumschutzsatzungen Rücksicht genommen werden.

Erste Hilfe für Zier- gehölze

Spezial

Astbruch vorbeugen

Hier könnte sich eine gefährliche Wunde entwickeln.

sene entfernt werden, sobald die Scheuerstelle sichtbar wird. Ist die Rinde an beiden Ästen stark geschädigt, kann es sogar nötig sein, beide zu entfernen. Ganz frische Scheuerstellen, unter denen das Gewebe noch weiß und gesund ist, sollten mit Wundverschlussmitteln bestrichen werden, um die Wundverheilung zu fördern. Wenn die Wunden älter sind und ihre Oberfläche braun und trocken ist, ist es für den Einsatz von

Bei größeren Sträuchern und bei Bäumen muss verhindert werden, dass Äste abbrechen. Schäden durch das Herabfallen, zum Beispiel an Fahrzeugen und Gebäuden (siehe Seite 64), aber auch an benachbarten Pflanzen sollten vermieden werden. Außerdem ist ein rechtzeitiger Rückschnitt für die Gesunderhaltung der betroffenen Pflanze selbst entscheidend, denn beim Astbruch entstehen meist sehr große Wunden, die später zum Absterben der ganzen Pflanze führen können.

Scheuerstellen

Äste und Stämme müssen sich im Wind bewegen, damit sie nicht so leicht brechen. Bei einer ungünstigen Stellung reiben Äste und Zweige allerdings aneinander, wodurch die schützende Rinde aufgescheuert wird. Bei kleineren Zweigen ist das nicht tragisch, auch wenn einer der beiden daraufhin irgendwann abbricht. Bei stärkeren Ästen oder gar Stämmen sollte aber der schwächere oder weniger günstig gewach-

Einschnürungen vermeiden

> **Nach der Pflanzung** müssen größere Pflanzen an einen Stützpfahl gebunden werden. Auch bei der Erziehung ist es manchmal notwendig junge Zweige an Stäbe zu binden, um ihren Wuchs in die richtige Richtung zu lenken. Die Bänder müssen jährlich darauf kontrolliert werden, ob sie das Pflanzengewebe einschnüren. Falls nötig, müssen sie entfernt werden. An solchen Einschnürungsstellen brechen die Pflanzen später bei Wind ab.

Smart

Wundverschlussmitteln allerdings zu spät. Dann sollten Sie lieber darauf verzichten (siehe Seiten 60/61).

Astgabeln

Manche Gehölze wie Robinie (*Robinia* sp.), Silber-Ahorn (*Acer saccharinum*) oder Zierpflaumen (*Prunus* sp.) neigen dazu, Stamm- oder Astgabeln in einem sehr spitzen Winkel zu bilden, die bei Sturm auseinanderbrechen können. Schon bei der Anzucht und in den Jahren nach der Pflanzung sollten Sie daher darauf achten, Konkurrenztriebe zu entfernen, aus denen sich solche „Zwillen" oder „Zwiesel" bilden können. Wenn die Astgabel erst später bei größeren Bäumen erkannt wird, sollte der schwächere oder weniger günstig stehende Teil einer solchen Gabelung entfernt werden, bevor bei Sturm ein Astbruch droht. Der Schnitt wird dabei schräg zur Pflanzenbasis hin geführt, sodass kein „Huthaken" entsteht und die Wunde leicht verheilen kann (siehe Seite 22). Ist die Gabelung schon eingerissen, wird der Ast bis zum Beginn des Risses komplett entfernt.

Einer der beiden Stämme dieser Zierpflaume hätte früher entfernt werden müssen – jetzt ist die Zwille gebrochen.

Wenn ein Teil eines gegabelten Stammes entfernt werden muss, kann dadurch die Krone des verbleibenden Restes des Baumes sehr einseitig sein und seine Stabilität beeinträchtigt sein. Dann sollte ein Teil der Äste ausgelichtet und bei Bedarf auch etwas eingekürzt werden, um das Gewicht der Krone zu reduzieren und die Symmetrie teilweise wieder herzustellen.

Eine Kappung des Baumes (siehe Seite 15) ist aber auch in solchen Fällen nicht ratsam, weil dadurch sehr große Wunden entstehen, durch die Fäulniserreger eindringen und die Standsicherheit beeinträchtigen können.

Krankheiten
bekämpfen

Verschiedene Schaderreger können die Triebe von Bäumen und Sträuchern befallen. Besonders gefährdet sind geschwächte Pflanzen.

Kranke Zweige abschneiden und vernichten

Kranke Äste und Zweige sollten möglichst bald entfernt werden. Sie werden tief (etwa 10–20 cm) bis ins gesunde Holz zurückgeschnitten oder besser an ihrer Ursprungsstelle ganz entfernt. Dabei lassen Sie den Astring wie üblich stehen (siehe Seite 22). Zur schnelleren Heilung kann ein Wundverschlussmittel eingesetzt werden (siehe Seiten 60/61). Die meisten Erreger überdauern im toten Holz und können sich von dort aus vermehren. Deshalb sollten Sie kranke Pflanzenteile nicht im Garten belassen, sondern vernichten oder über die Biotonne entsorgen. Bei der Heißkompostierung des Biomülls werden die Krankheitserreger abgetötet, sodass der fertige Kompost keine Krankheitskeime mehr enthält. Nur bei Wacholder- und Kiefernblasenrost können die Zweige kompostiert werden, da die Rostpilze im toten Gewebe absterben.

Obstbaumkrebs

Nectria galligena

Dieser Pilz infiziert über kleine Wunden und wird durch hohe Luftfeuchte gefördert. Er zerstört das Holz in Trieben und Ästen durch die wiederholte Bildung von Wundgewebe, wodurch krebsartige Wucherungen entstehen.

▶ Er befällt nicht nur Apfel- und Zierapfelbäume, sondern ist auch an Ebereschen (*Sorbus*) sehr verbreitet.

▶ Befallene Zweige müssen sofort tief ins gesunde Holz zurückgeschnitten oder an ihrer Basis entfernt werden. Kranke Bäume sollten Sie regelmäßig auf Fäule kontrollieren.

Rotpustel

Nectria cinnabarina

Der Pilz zerstört die Rinde junger Zweige oder Pflanzen. Ältere Pflanzen sind nicht gefährdet. Auf dem toten Gewebe erscheinen kleine, lachsrosa Fruchtkörper. Der Erreger infiziert meist über Schnittwunden.

▶ Vor allem Robinie und Ahorn sind gefährdet, aber auch Zierjohannisbeere und viele andere Laubgehölze.

▶ Abgestorbene Triebe sollten Sie sofort entfernen. Gefährdete Arten sollen besser im Sommer als im Winter geschnitten werden, denn dann ist die Widerstandskraft der Pflanzen größer.

Feuerbrand

Erwinia amylovora

Diese Bakterienkrankheit infiziert vor allem bei feuchtem Wetter über die Blüten und ist beim zuständigen Pflanzenschutzamt meldepflichtig.

▶ Neben Apfel- und Birnbäumen werden die Felsenmispel (*Cotoneaster*) und andere Rosengewächse befallen. Steinobst ist nicht gefährdet. Ähnliche Schäden an Kirschen und Mandelbäumchen werden meist vom Pilz *Monilia* verursacht.

▶ Absterbende Triebe werden 30 cm tief ins gesunde Holz zurückgeschnitten, vernichtet und das Schnittwerkzeug danach desinfiziert.

Wacholderrost

Gymnosporangium sabinae

Wacholderrost befällt Triebe von verschiedenen Wacholder-Arten, die später oberhalb der Befallsstelle absterben

▶ Der Erreger ist wirtswechselnd mit Birnbäumen (Birnengitterrost), daher sollten keine Zwischenwirte in der Nähe gefährdeter Pflanzen stehen. Kranke Wacholderzweige müssen entfernt werden.

▶ Ein ähnlicher Schaderreger ist der Weymouthskiefernblasenrost *Cronartium ribicola*, der die Stämme fünfnadeliger Kiefernarten befällt und wirtswechselnd mit Schwarzen Johannisbeeren ist .

Wunden verschließen

Nach dem Schnitt verbleiben an der Pflanze mehr oder weniger große Wunden, bei denen die Gefahr besteht, dass pilzliche Krankheitserreger ins Pflanzengewebe eindringen. Es wäre daher gut, wenn die entstanden Wunden dauerhaft verschlossen werden könnten, bis sie vom Wundkallus

Smart

Stammschutz

> **Bei jungen Bäumen** (besonders Ahorn, Linde) kann durch Sonneneinstrahlung und Temperaturschwankungen die Rinde aufplatzen, dann Angriffsflächen für Schadpilze bieten und absterben. Den besten vorbeugenden Schutz bieten Schilfmatten, die vom Wurzelhals bis zum Kronenansatz um den Stamm gewickelt werden. Sie verwittern langsam und die Rinde gewöhnt sich an Witterungseinflüsse.

überwachsen sind. Allerdings haben Wundverschlussmittel Vor- und Nachteile.

Kaum Schutz vor Pilzen!

Im Handel werden unterschiedliche Wundverschlussmittel aus verschiedenen Bestandteilen angeboten, zum Teil sogar mit Zusätzen von breit wirksamen Pflanzenschutzmitteln gegen Pilzkrankheiten (Fungiziden). Leider haben Versuche und Praxisbeobachtungen gezeigt, dass keines dieser Produkte Pilzinfektionen verhindern kann. Durch feine Risse, die durch die Witterungseinflüsse in der Schicht des Wundbelags entstehen, können Pilzsporen leicht

eindringen. Außerdem bleibt unter Umständen das Holz unter dem Wundverschlussmittel feuchter, sodass Pilzkrankheiten bessere Ausbreitungsbedingungen haben als ohne Wundverschlussmittel.

Bessere Wundheilung

Auch wenn sie keinen Schutz vor Krankheitserregern bieten, hat der Einsatz von Wundverschlussmitteln in manchen Fällen durchaus einen Sinn: Er verringert den Wasserverlust des offen gelegten Gewebes, verhindert das Austrocknen und kann dadurch die schnelle Bildung von Wundgewebe und so das Verheilen der Wunde fördern. So sollten

Die Wunde beginnt die Überwallung von außen.

also kleinere frische Wunden (etwa 2–5 cm Durchmesser) ganz mit Wundverschlussmitteln bestrichen werden und bei größeren Wunden nur die Wundränder. Kernholz, das bei sehr großen Wunden freigelegt wird, sollte nicht bestrichen werden.

Auch bei frischen Verletzungen der Rinde hat sich das Bestreichen mit Wundverschlussmitteln bewährt. Wenn Schnittwunden oder Verletzungen bereits mehrere Tage alt sind und das Gewebe schon angetrocknet ist, nützt der Wundverschluss nichts mehr und ist nicht empfehlenswert. Der Baum schützt sich dann mit Inhaltsstoffen im Holz selbst gegen die eingedrungenen Erreger und spätestens wenn sein Wundgewebe die entstandene Öffnung geschlossen hat, sterben diese in den meisten Fällen ab.

Nadelgehölze

Bei Nadelgehölzen ist Wundverschluss nicht sinnvoll, da sie entweder mit ihrem eigenen Harz die Wunden verschließen (Tannen, Fichten, Kiefern, Zypressengewächse und andere) oder sehr dichtes Holz

Die unteren Wunden dieser Eiche verheilen gut, die obere ist schon mit neuer Rinde verschlossen.

haben (Eiben), durch das von Natur aus wenig Wasser verdunstet.

Produkte

Wundverschlussmittel können aus Wachsen und Harzen bestehen. Diese Produkte haben aber den Nachteil, dass sie sich ohne Erwärmung nicht oder nur schlecht verstreichen lassen. Praktischer und weiter verbreitet sind daher die Mittel aus Kunststoffdispersion, die sich leicht mit einem Pinsel aufbringen lassen und dann antrocknen. Da sie einen hohen Wasseranteil enthalten, können letztere nicht bei Frost eingesetzt werden, denn sie würden vor dem Trocknen gefrieren.

Bluten Bäume?

Flüssigkeit, die aus der Rinde oder Wunden von Pflanzen austritt, wird oft als Zeichen für eine bedrohliche Schädigung der Bäume gedeutet. Das muss aber nicht richtig sein. Meist ist dieser auffällige Vorgang völlig harmlos.

Kein „Blut" in Gehölzen

Werden Ahorn, Birke, Walnuss, Weinreben oder manche anderen Laubgehölze im März/April geschnitten, können sie „bluten", und aus den frischen Wunden läuft tagelang Flüssigkeit aus. Das weckt oft die Befürchtung, sie könnten dadurch „verbluten" und absterben oder zumindest stark geschädigt

werden. Anders als beim Menschen, der nur eine begrenzte Menge Blut besitzt, und wirklich stirbt, wenn er zu viel davon verliert, ist die austretende Flüssigkeit bei Pflanzen mineralstoffhaltiges Wasser aus den Leitungsbahnen, das von den Wurzeln in den Stamm gepumpt wird. Im Frühjahr vor dem Austrieb ist der Druck sehr hoch, sodass diese Flüssigkeit bei Verletzungen der Leitbahnen in auffällig großen Mengen austritt. Sie wird aber durch die Wurzeln sofort aus dem Wasser im Boden ersetzt, sodass keine Gefahr für die Pflanze besteht. Das „Bluten" nach dem Schnitt schadet also nicht. Es sieht allerdings unschön aus. Wer vermeiden will, dass Pflanzen nach

Das „Bluten" dieser Wunde ist kein Grund zur Sorge.

Schädlinge ertränken

> **Durch „Bluten"** oder Harzabsonderungen besitzen Pflanzen eine effektive Methode, sich gegen holzzerstörende Bodenkäfer und andere Schädlinge zu wehren. Sie „ertränken" damit ihre Feinde, wenn diese sich durch die Rinde bohren. Schädlinge befallen daher bevorzugt Bäume, die frisch verpflanzt oder geschädigt sind, denn diese können wenig Wasser aufnehmen und kaum Flüssigkeit produzieren.

Smart

dem Schnitt „bluten", sollte sie entweder sehr früh (bis Anfang Februar) schneiden, wenn sie noch in der Winterruhe sind, oder im Sommer. Wundverschlussmittel werden durch die austretende Flüssigkeit weggespült, ein Bestreichen der Wunden ist also unnötig.

Gummifluss und Teerflecken

Bei Kirschen, Pflaumen (*Prunus*) und deren Zierformen kann ein auffälliger „Gummifluss" auftreten, bei dem aus Wunden oder aus der Rinde eine bernsteinfarbene Flüssigkeit austritt, die zunächst zäh gummiartig wird und dann verhärtet. Dabei handelt es sich nicht wie beim „Bluten" um Wasser aus dem Leitgewebe, sondern um Zellsaft. Dieser Gummifluss ist ein Zeichen für Stoffwechselstörungen, die die Gesundheit der Pflanzen ernstlich bedrohen können. Gefördert wird er durch Staunässe, zu hohe Stickstoffdüngung, verschiedene Krankheitserreger sowie durch ungünstige Schnittzeitpunkte im Winter oder Frühjahr. Diese Pflanzen sollten Sie daher im Sommer schneiden.
Seit kurzem leiden Rosskastanien (*Aesculus*) unter auffälligen „Teerflecken" an den Stämmen, bei denen aus der Rinde dunkle, rostbraune Flüssigkeit austritt. Die Ursache für diese ernste Erkrankung ist vermutlich Befall durch Bakterien. Wirksame Gegenmaßnahmen sind nicht bekannt.

Aus dieser Kiefernwunde tropft Harz – eine natürliche Schutzreaktion der Pflanze.

Harzfluss

Bei vielen Nadelgehölzen, besonders Kiefern, kann nach dem Schnitt Harz austreten, manchmal soviel, dass es vom Baum herab tropft. Das ist ein ganz natürlicher Vorgang, bei dem der Baum seine Wunden von innen schließt. Er wird dadurch nicht geschwächt, daher ist dieser Harzfluss eigentlich recht unproblematisch. Allerdings können Gegenstände, die unter solchen Bäumen stehen, stark verschmutzt werden.

Spezial

Auf gute
Nachbarschaft!

Wenige Dinge im Leben sind so unangenehm wie ein Streit mit dem Nachbarn. Denn Nachbarn sind Menschen, denen man häufig begegnet und auf deren Hilfe man manchmal angewiesen ist.

Man sollte daher versuchen Konfrontationen zu vermeiden und möglichst gut mit ihnen auszukommen. Ein häufiger Konfliktherd sind die Auswirkungen von Pflanzen auf das Nachbargrundstück. Um Fehlern aus dem Weg zu gehen, sollte man daher bei der Anlage des Gartens und später beim Gehölzschnitt wissen, welche Rechte und Pflichten man selbst und welche der Nachbar hat. Es ist aber nicht ratsam auf Biegen und Brechen zu versuchen, das eigene Recht durchzusetzen. Sie sollten sich in allen Konfliktfällen bemühen, eine gütliche und für beide Seiten erträgliche Lösung zu finden. Wenn keine Einigung erfolgt, bieten sich Schiedsstellen an, die gegnerischen Parteien beraten und Kompromisslösungen vorschlagen. Dieses Angebot lohnt auf jeden Fall – vor dem Gang zum Juristen.

1 Verkehrssicherungspflicht
Der Eigentümer haftet auch für Schäden, die durch Astbruch von seinen Bäumen verursacht wurden, sofern diese Gefahr erkennbar war. Er muss daher seine Pflanzen gelegentlich visuell kontrollieren und Gefahren, die er erkennt oder auf die er hingewiesen wurde, beseitigen. Für nicht vorhersehbare Schäden durch höhere Gewalt wie Sturm haftet er hingegen nicht. Die Unterscheidung ist nicht immer einfach und muss oft durch Gutachter geklärt werden.

2 Grenzabstände Wie groß der Pflanzabstand von der Grenze sein muss, regeln die Nachbarschaftsgesetze der einzelnen Bundesländer unterschiedlich. Bei Bäumen beträgt der Mindestabstand je nach Land meist etwa 1,50 bis 4,0 m (sehr große Bäume bis 8,0 m), bei Sträuchern, je nach Größe oft 0,50 bis 2,0 m und bei Hecken (geschnitten oder ungeschnitten) 0,25 bis 0,50 m. Legt man innerhalb einer Frist (meist 5 Jahre) keinen Einspruch gegen den Abstand einer Pflanzung ein, muss man sie dulden, auch wenn der Pflanzabstand zu gering ist.

3 Überhängende Zweige Wenn Zweige oder Wurzeln von Nachbarpflanzen die Nutzung des eigenen Grundstücks „konkret und wesentlich" beeinflussen, kann man vom Nachbarn verlangen, sie zu entfernen oder das nach Ablauf einer Frist selbst fachgerecht tun. Die Furcht davor, dass Wurzeln von Nachbarpflanzen irgendwann das eigene Pflaster anheben, ist allerdings nicht „konkret" genug und die Schattenwirkung eines starken Astes nicht „wesentlich" genug für solche Maßnahmen, ebenso wenig wie die Belästigung durch Laub oder Samen.

Obstbaum-Basics

Wie funktioniert ein Baum?

Ein Baum besteht im Wesentlichen aus dem Stamm mit Ästen, aus Zweigen und Blättern. Der Obstbaum lässt sich weiter in den Kronen-, Stamm- und den Wurzelbereich untergliedern. Die Blätter des Baumes sind die Energielieferanten, hier werden mithilfe des Sonnenlichtes aus Wasser und Kohlendioxid Zucker und Stärke gebildet. Der Stamm ist das Bindeglied zwischen Wurzel- und Kronenbereich und dient dem Speichern sowie dem Transport von Nährstoffen von den Wurzeln in die Krone und zurück. Die Wurzeln haben die Aufgabe der Wasser- und Nährstoffaufnahme, aber auch der Nährstoffspeicherung vor der beginnenden Winterruhe. In der nebenstehenden Abbildung ist der Stammaufbau dargestellt.

Der Stammaufbau

Die Borke (fälschlicherweise oft als „Rinde" bezeichnet) bildet den äußeren Abschluss bzw. die Schutzschicht des Baumes. Darunter liegt als weiterer Schutz die Rinde; im Bastteil (Phloem) liegen die Leitungsbahnen, mit denen Nährstoffe in beide Richtungen transportiert werden. Das Kambium ist für das Dickenwachstum verantwortlich. Die hier liegenden Leitungsbahnen (Xylem) sind verholzt und übernehmen den Wassertransport von den Wurzeln in die Baumkrone. Sie dienen zusätzlich der Stabilität.

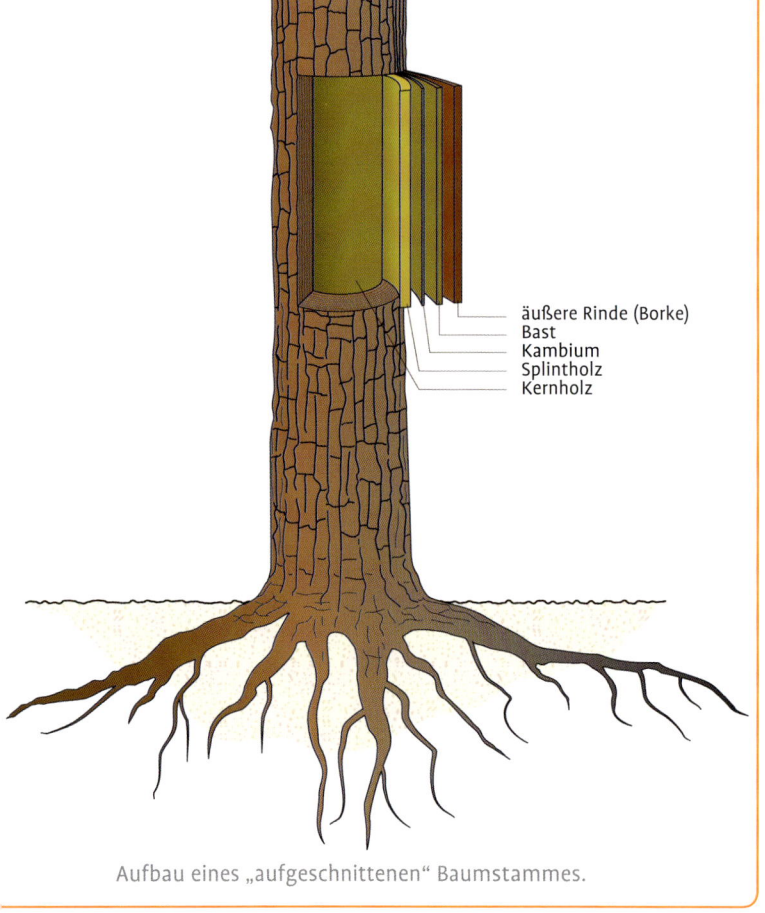

äußere Rinde (Borke)
Bast
Kambium
Splintholz
Kernholz

Aufbau eines „aufgeschnittenen" Baumstammes.

Der Aufbau der Baumkrone

Die Obstbaumkrone baut sich aus drei oder vier Leitästen auf, die den Grundaufbau beziehungsweise das Traggerüst des Baumes ergeben. Idealerweise zweigen diese drei oder vier Leitäste leicht versetzt in der Höhe und in einem Winkel von etwa 45° oder etwas flacher aus dem Stamm ab. Von den Leitästen ausgehend entwickeln sich meistens sehr steil nach oben wachsende Langtriebe mit einer Länge zwischen 0,30 bis 1,50 m sowie

Wissenswertes zum Baumwachstum

> **Verletzungen** im unteren Stammbereich möglichst vermeiden, da sonst der Wasser- und Nährstofftransport unterbrochen wird.
> **Der Wurzelbereich** ist im Durchmesser doppelt so groß wie die Krone.
> **Die Leitäste** bilden das Fundament für den Kronenaufbau.
> **Langtriebe** neigen unter hoher Last zu Astbruch.
> **An Kurztrieben** und „Spießen" entwickeln sich die Blüten.

Smart

Legende:
1 = Stammverlängerung
2 = Konkurrenztrieb
3 = Leittrieb
4 = Langtrieb länger 30 cm
5 = Kurztrieb/Spieß bis 30 cm

Krone eines Apfelbaums im Jugendstadium.

Kurztriebe mit weniger als 30 cm Länge. An den Langtrieben werden überwiegend nur Blattknospen gebildet. An den Kurztrieben sitzen die Blütenknospen, die die Blütenlieferanten für das nächste Jahr darstellen. Der obere Bereich des Baumes wird von der Stammverlängerung (auch Leittrieb) abgeschlossen. In der Regel gabelt sich in diesem Bereich ein Konkurrenztrieb ab, der etwas kürzer als der Leittrieb wächst.

Zweige, Knospen, Blätter, Blüten

Wer eine Obstbaumkrone aufbauen möchte, braucht dazu ein Konzept und sollte die Unterschiede zwischen den verschiedenen Knospen und Trieben kennen. Damit die verwendeten Fachausdrücke jedem verständlich sind, werden diese mithilfe der unten stehenden Abbildung kurz erklärt.

Bei dem abgebildeten Ast eines Apfelbaumes handelt es sich um einen mehrjährigen Trieb. Er lässt sich grob in das einjährige Jungholz am vorderen Zweigende sowie in den mittleren und hinteren Bereich mit mehrjährigem Holz unterteilen. Bei den Knospen werden unterschieden: Terminal-, Blatt-, Holztrieb- und Blütenknospen.

▸ **Die Terminalknospe** befindet sich am Ende des langen, kräftig ausgebildeten einjährigen Langtriebes.

Sie kann eine Blatt- oder Blütenknospe sein.

▸ **Blatt- und Holztriebknospen** sind klein, schmal und spitz ausgeprägt und sind nur schwer unterscheidbar, es kann sich ein Holztrieb oder ein Blattbüschel ausbilden.

▸ **Blütenknospen** sind größer und aufgrund ihrer eher rundlichen Form gut zu erkennen.

Beim Astaufbau unterscheidet man den Zweig und

Zweig eines Obstbaumes mit Blatt-, Blüten- und Terminalknospe.

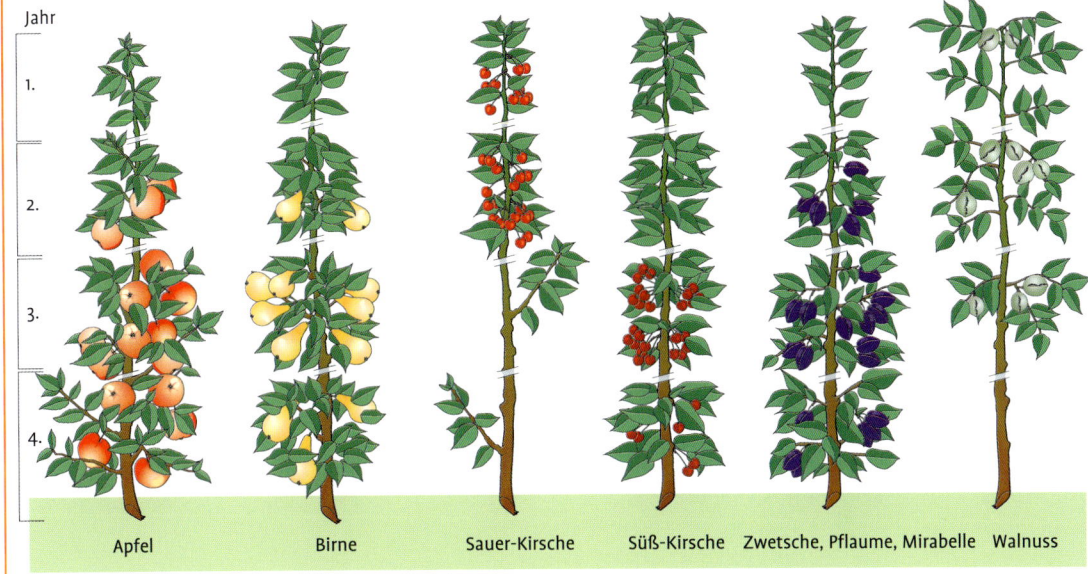

Jahr

1.

2.

3.

4.

Apfel   Birne   Sauer-Kirsche   Süß-Kirsche   Zwetsche, Pflaume, Mirabelle   Walnuss

Zonen der Fruchtbildung an ein- bis vierjährigen Zweigen der verschiedenen Obstarten.

die verschiedenen Triebe. Als Äste bezeichnet man alle stärkeren Holzteile mit einem Durchmesser über etwa 8 cm. Zweige sind drei- bis fünfjährige Triebe, die einen Durchmesser von etwa 3 bis 8 cm haben. Innerhalb der Triebe unterscheidet man Langtriebe, die mehr als 30 cm lang sind, von den Kurztrieben mit weniger als 30 cm Länge.

Zonen der Fruchtholzbildung

In obiger Abbildung sind die verschiedenen Obstarten (Apfel, Birne, Kirsche, Zwetsche, Mirabelle und Walnuss) mit den Bereichen ihrer Fruchtholzbildung dargestellt. Die verschiedenen Obstarten stuft man gemäß ihrer Früchte in folgende Kategorien ein: Apfel und die Birne gehören zum Kernobst; Kirsche, Zwetsche, Mirabelle und Walnuss zählen zum Steinobst.

Beim Kernobst ist der Höhepunkt der Fruchtbildung überwiegend am drei- bzw. vierjährigen Trieb. Zwetschen beginnen bereits ab dem zweijährigen Holz zu fruchten. Den größten Unterschied bei der Fruchtbildung findet man zwischen Süß- und Sauer-Kirschen: Während die Fruchtbildung bei der Süß-Kirsche vorwiegend am dreijährigen Holz stattfindet, trägt die Sauerkirsche fast überwiegend am einjährigen, teilweise auch am zweijährigen Holz.

Knospen und Augen

> **Die Terminalknospe** befindet sich am Ende eines Langtriebes.
> **Blatt- und Holztriebknospen** sind klein, schmal und spitz.
> **„Schlafende Augen"** sind die zukünftigen Blatt- oder Blütentriebe; sie liegen unterhalb der Rinde und sind (noch) nicht sichtbar.

Wie wächst ein Baum?

Ein Baum in der Natur wird möglichst viele Triebe mit Blütenknospen bilden. Die sich daraus entwickelnden Früchte müssen nicht schön aussehen, groß oder schmackhaft sein – nur allein eine möglichst hohe Anzahl an Samenkörnern ist für die Vermehrung wichtig.

Ein sich selbst überlassener Baum produziert ein dichtes Astwerk. Die inneren Astpartien werden mangels Licht im Laufe der Zeit verkümmern, die äußeren Bereiche werden sich weiter entwickeln und nach oben streben. Dieses natürliche Verhalten ist gleichzeitig die Grundlage für die Gesetzmäßigkeiten beim Obstbaumschnitt. Sie sollten sie kennen, bevor Sie mit der Arbeit beginnen – denn nur wer die Wachstumsgesetze berücksichtigt, kann auch richtig schneiden. Der „ideale" Baum soll mit einem kräftigen Traggerüst von unten mit starken, sich nach oben verjüngenden Leitästen aufgebaut sein. Dieser Aufbau entspricht in etwa dem natürlichen Verhalten von Obstbäumen in der Natur – wobei es auch hier Differenzierungen zwischen Apfel, Birne, Kirsche oder Zwetsche gibt.

Der hier dargestellte Baum wurde längere Zeit nicht gepflegt und sich selbst überlassen. Die Äste überlagern sich, sie wachsen quer, zur Stammmitte hin oder senkrecht nach oben.

Ungepflegter Baum vor dem Schnitt.

Die Konsequenzen sind:
- ▸ **mangelnde Durchlüftung und Belichtung** mit erhöhtem Pilzrisiko (z. B. Schorf),
- ▸ **schlechte Fruchtqualität** wegen kleiner Früchte mit wenig Süße,
- ▸ **fehlende Baumhygiene,** hervorgerufen durch Schadholz, das als Brutstätte für Krankheitserreger dient,
- ▸ **schwierige Erntebedingungen** aufgrund des dichten Astwerkes.

Baum auslichten

Wie soll man bei einem jahrelang vernachlässigten Baum Abhilfe schaffen? Zuerst ist eine klare Funktionszuweisung der Äste notwendig (Leitäste, Fruchtäste). Dabei sollte man langfristige Ziele ersetzen durch mittelfristige. Diese sind:

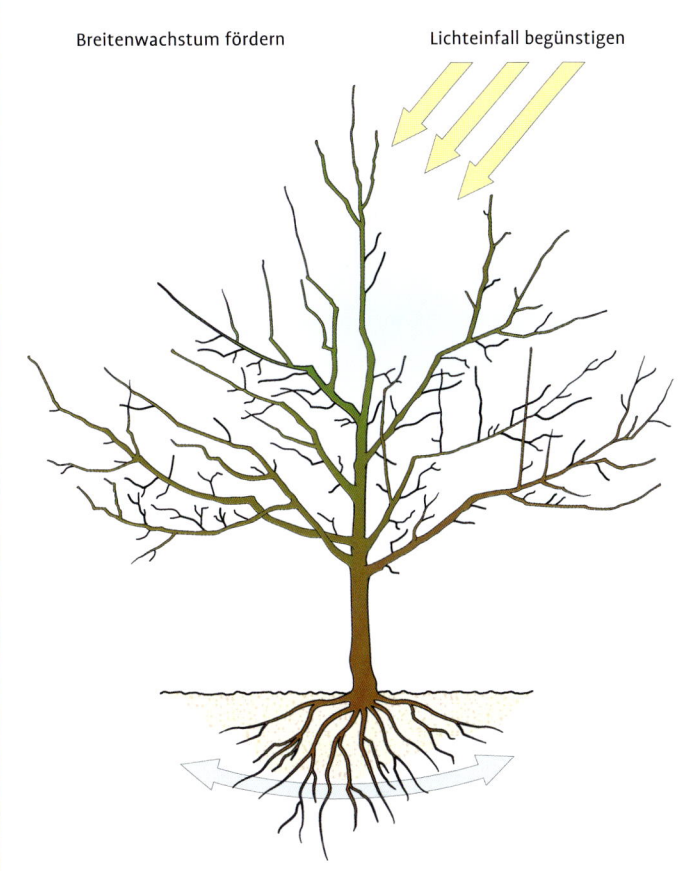

Breitenwachstum fördern　　　Lichteinfall begünstigen

Obstbaum nach einer umfangreichen Schnittmaßnahme.

Schneiden ja – aber richtig!

> Nicht zu viel wegschneiden: Schnitt bedeutet für den Baum Wuchsanregung!

> Für gute Fruchtqualität ist eine Besonnung von allen Seiten wichtig.

> Lichtes Astwerk durch Breitenwachstum und offenen Kronenaufbau fördert die Fruchtqualität und die Baumhygiene.

Ein Traggerüst aufbauen, das den Belastungen durch Fruchtbehang und Witterung standhält, gute Lichtverhältnisse für alle Kronenbereiche schaffen, Breitenwachstum der Krone entwickeln und die Pflanzenhygiene sicherstellen. So haben Sie gleichzeitig günstige Arbeitsbedingungen für die Ernte geschaffen.

Wenn ein Baum verkahlt

Der Obstbaum durchlebt in aller Regel die folgenden Entwicklungsphasen:

- ▸ **Jugendphase,** bei der hauptsächlich Triebe gebildet werden,
- ▸ **Ertragsphase,** wobei der Kronenaufbau bereits abgeschlossen ist,
- ▸ **Altersphase,** während derer der Triebzuwachs nachlässt und abgetragenes Fruchtholz (Quirlholz) vermehrt sichtbar wird.

Durch eine Verkahlung signalisiert der Baum, kein Jungholz mehr bilden zu können. Das kann verschiedene Ursachen haben: Zu viele Äste im äußeren Bereich, die den Lichteinfall ins Bauminnere verhindern; krankes, abgestorbenes Holz; längere Zeit nicht geschnittene, ungepflegte Astpartien. Solche Bereiche sind für Schadpilze willkommene Ausgangspunkte, um sich auszubreiten. Sollte jedoch der Baum etwa 60 oder 70 Jahre erreicht haben, sind Schnittmaßnahmen nicht mehr Erfolg versprechend – es sei denn aus Gesichtspunkten der

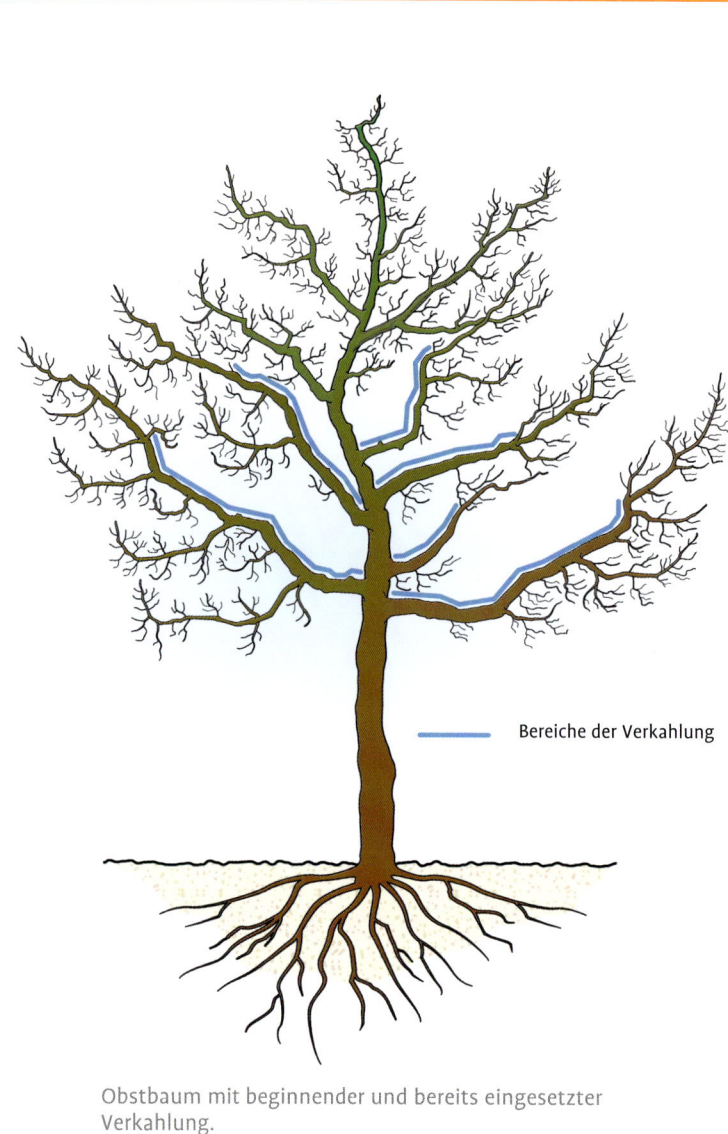

Bereiche der Verkahlung

Obstbaum mit beginnender und bereits eingesetzter Verkahlung.

Sicherheit. Ist der Baum noch deutlich jünger, können Sie über einige verschiedene Maßnahmen den Baum wieder zum Wuchs anregen und damit die Vitalität des Baumes wiederherstellen.

„Wiederbelebende" Schnittmaßnahmen

Bei solch umfangreichen Schnittarbeiten empfiehlt sich eine Baumsäge und eventuell eine Kettensäge für die Arbeit am Boden. Zunächst entfernt man krankes, verletztes oder geschädigtes Holz, wobei man deutlich über die kranke Stelle hinaus bis in

An alles gedacht?

> Vitalität des Baumes prüfen und danach geeignete Maßnahmen einleiten.

> Kranke Partien herausnehmen – Rückschnitt bis deutlich in das gesunde Holz durchführen.

> Äußere Quirlholzbereiche deutlich zurücknehmen.

> Senkrecht aufstrebende, quer verlaufende, nach innen wachsende und störende Äste entfernen.

> Optional: Wundbehandlung bei Ästen > 25 cm ⌀.

Keine Angst vor großen Ästen

> **Säge** und eine große **Astschere** reichen am Anfang aus.
> **Für sicheren Stand** der Leiter sorgen.
> **Mit dem Schneiden** in der oberen Baumkrone beginnen.
> **Auch große Äste** herausnehmen!

Smart

das gesunde Holz hinein zurückschneiden sollte. Sich kreuzende Äste werden ebenso herausgenommen wie zu eng beieinander liegende Triebe. Anschließend schneidet man im äußeren Bereich auftretende Quirlholzpartien zurück. Durch diesen Rückschnitt haben Sie den Baum grob in Form (Rund- oder Pyramidenkrone) gebracht – jetzt gilt es, im Bauminneren aufzuräumen. Die steil nach oben wachsenden, starken Äste sind zu entfernen, dicht beieinander liegende Astkränze dünnt man aus. Das Ergebnis ist ein relativ kahl geschnittener Baum. Er wird Sie in den Folgejahren mit der Bildung reichlicher Neutriebe beschäftigen, denn Rückschnitt am Baum bedeutet Wuchsanregung! Auf diese Weise haben Sie den Baum zur Neutriebbildung im inneren Kronenbereich angeregt. Nun muss der Baum kontinuierlich neu aufgebaut werden.

Die bei Schnittmaßnahmen unvermeidlichen Schnittwunden werden ab einem Durchmesser von 25 cm mit der Hippe sauber nachgeschnitten und anschließend optional mit einem Wundverschlussmittel behandelt.

Schnittregeln und Wuchsstärke

Die verschiedenen Schnitt-techniken des Erziehungs-, Erhaltungs- und Auslich-tungsschnittes lassen sich auf eine einfache allgemeine Schnittregel zurückführen. Sie trifft nicht für jeden Fall optimal zu, ist aber für den Einstieg sehr hilfreich: Angewendet wird sie für den Pflanzschnitt, den Kronen-aufbau und für die Leitast-Korrektur. Von Fall zu Fall sind andere Einkürzungen notwendig, sofern es die Betrachtung der Gesamtheit notwendig erscheinen lässt. Wichtig ist beim Rückschnitt immer, dass auf ein nach

außen gerichtetes Auge abgeleitet wird, damit das Kroneninnere nicht zu dicht wird. Spieße und die Kurz-triebe werden entweder komplett herausgenommen oder stehengelassen.

Was bewirkt die Unterlage?

Wenn Sie einen Baum kau-fen wollen, kann es vorkom-men, dass der Verkäufer Sie fragt: „Auf welcher Unter-lage hätten Sie den Baum gerne?“. Eine Unterlage ist der Wurzelteil des Obstbau-

mes bis zum Stammbeginn. Sie beeinflusst die Standfes-tigkeit und die Wuchsgröße des Baumes. Die richtige Wahl der Unterlage ist auch dann wichtig, wenn es um die Einhaltung der gesetzlich festgelegten Grenzabstände zum Nachbargrundstück geht (in den Nachbarschafts-gesetzen der verschiedenen Bundesländer unterschied-lich geregelt). Der Hobbygärtner wird seine Wahl nach den Kriterien Sor-te, Widerstandskraft, Stand-festigkeit, Pflegeaufwand und Lebensdauer ausrichten. Für die heutigen, relativ klei-

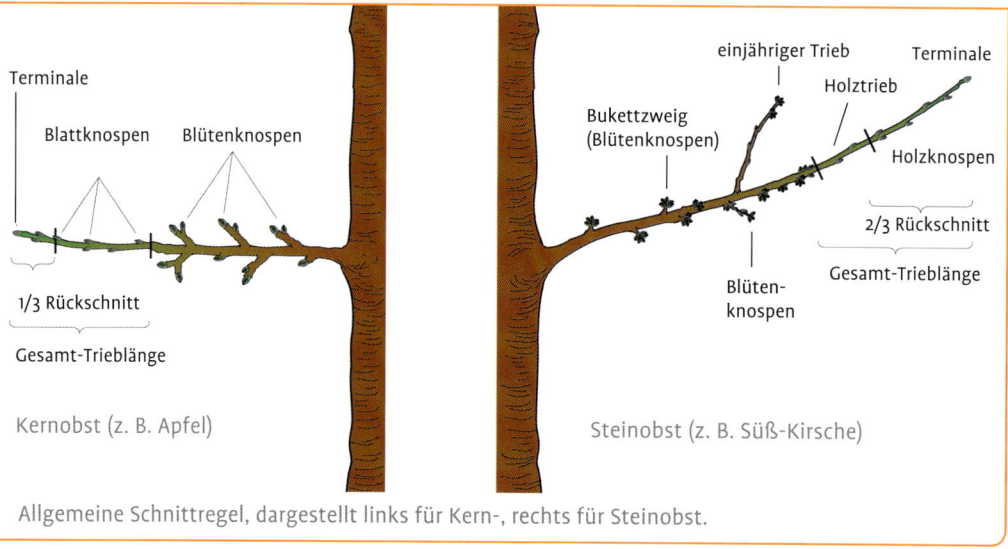

Kernobst (z. B. Apfel)

Steinobst (z. B. Süß-Kirsche)

Allgemeine Schnittregel, dargestellt links für Kern-, rechts für Steinobst.

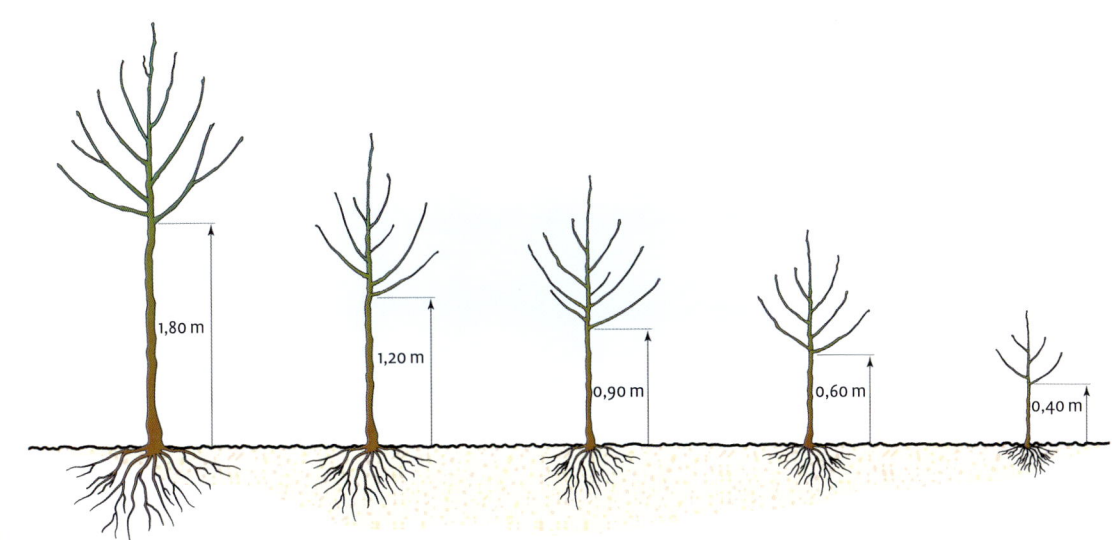

	Hochstamm	Halbstamm	Viertelstamm	Busch	Spindel
Unterlage	Sämling	A2 oder M11	M7 oer M4	M26	M9 oder M27
Kronen-durchmesser	10 bis 16 m	6 bis 10 m	4 bis 6 m	bis 4 m	bis 2 m
Baumhöhe	über 10 m	über 6 m	über 4 m	über 3 m	über 2 m
Ertragsbeginn	nach 7 Jahren	nach 4 Jahren	nach 3 Jahren	nach 1 Jahr	im Pflanzjahr
Standfestigkeit	sehr gut	sehr gut	sehr gut	gering	sehr gering

Wuchsstärken verschiedener Apfelbaum-Qualitäten je nach Unterlage.

nen Hausgärten gibt es ein breites Angebot neuer und alter Obstsorten auf verschiedenen Unterlagen. Soll der Baum sehr klein bleiben (2 bis 2,50 m Höhe und ein Kronendurchmesser von etwa 1,50 m), sind die schwachwüchsigen Unterlagen M27 oder M9 die richtige Wahl. Diese Bäume besitzen nur eine geringe Standfestigkeit, deshalb sollten Sie immer einen

Darauf müssen Sie achten

> **Je schwächer** die Unterlage, desto höher die Ansprüche an die Bodenqualität
> **Spindel- und Busch-bäume** behalten ihren Pfahl lebenslang, Viertel-, Halb- und Hochstämme nur in den ersten Jahren.

Smart

zusätzlichen Pfahl in den Boden bringen. Steht mehr Gartenfläche zur Verfügung, können stärkere Unterlagen ausgesucht werden, etwa M26 (Buschbaum) und M4/M7 (Viertelstamm). Haben Sie genügend Platz, bietet sich ein Halbstamm A2/M11 an. Ein Hochstamm ist eher für parkartige Grundstücks-größen oder landwirtschaftliche Nutzflächen geeignet, da er sehr groß wird.

Kern- und Steinobst schneiden

Häufig verwendete Begriffe und Bezeichnungen zum Obstbaumschnitt:

▸ **Schnitt auf Astring:** Zurückschneiden des Astes bis zum Übergang in den Stamm (wulstartige Verdickung) oder der Abzweigung.
▸ **Schnitt auf Auge oder Knospe:** Hier wird der Trieb bis kurz oberhalb des Auges oder der Knospe zurückgeschnitten.

▸ **Auf ein außen liegendes Auge schneiden:** Rückschnitt des Triebes auf eine vom Baum weg zeigende Knospenanlage zur Förderung des Breitenwachstums.
▸ **Schnitt auf Zapfen:** Wird vorwiegend beim Steinobst (Zwetsche) als zusätzliche Variante angewendet. Hier wird nicht auf Astring zurückgeschnitten, sondern ein etwa 10 cm langer Astzapfen wird

Smart

Schnittkategorie je nach Lebenszyklus

> **Pflanzung:** Neu gepflanzten Bäumen ihr Gerüst geben.
> **Erziehung:** Triebbildung fördern, Junggehölze in Form bringen.
> **Auslichtung:** Äste, Astverlauf und -stärke korrigieren.
> **Verjüngung:** Alterung verlangsamen, Neutriebbildung fördern.

stehen gelassen, um den Neuaustrieb anzuregen und der Verkahlung im Innenbereich entgegenzuwirken.
▸ **Schnitt auf Trieb:** Der zu entfernende Ast wird dort abgeschnitten, wo ein jüngerer Trieb in einer ähnlichen Richtung abzweigt.

Schnitt am Ast

Wenn Sie die Säge auf der Oberseite eines stärkeren Astes ansetzen und sägen, bricht in vielen Fällen kurz vor dem Durchtrennen des Astes dieser nach unten weg und zieht die noch nicht durchtrennte Rinde mit. So

Der Doppelschnitt am Ast vermeidet, dass Rinde und Holz einreißen: Sägen Sie den Ast zuerst von unten an und dann von oben durch.

entstehen großflächige Wunden. Sägen Sie zuerst den Ast von unten bis zur Hälfte an, bevor Sie ihn von oben leicht versetzt bis zur Mitte absägen. Der Ast bricht ab, ohne Verletzungen zu hinterlassen.

So gehen Sie richtig vor

▸ Um sich ein Bild von dem Baum zu machen, vor dem Schnitt eine Beurteilung des Baumes von allen Seiten durchführen.
▸ Schnitte von oben nach unten durchführen, um eine klare Übersicht für die weiteren Maßnahmen zu bekommen.
▸ Bei Leitästen mit dem schwächsten beginnen, alle weiteren auf gleiche Schnittebene zurücknehmen.
▸ Äste zunächst an der Oberseite schneiden, dann die Unterseite bearbeiten.
▸ Die Stammverlängerung (Höhe und Konkurrenztrieb) zum Schluss behandeln.
▸ Beim Rückschnitt der Triebe oder schwachen Äste auf Astring keine Zäpfchen stehen lassen.
▸ Stärkere Äste immer zuerst von unten ansägen und dann von oben gegensägen, bis sie sauber abbrechen.

Der bündige Astschnitt direkt am Stamm bewirkt, dass keine Zapfen stehen bleiben. Diese Zapfen würden eintrocknen und eine Eintrittspforte für Krankheitserreger darstellen. Belassen Sie jedoch den wulstartig abgesetzten Astring, da von hier aus das Neubildungsgewebe die Wunde überwallt und verschließt.

▸ Schneiden Sie mit Gefühl, vermeiden Sie dabei unbedingt Radikalschnitte. Lassen Sie Kurzholz (bis 5 cm lang) und Spieße (bis 15 cm lang) sowie Kurztriebe (50 cm bei Halbstämmen) einfach stehen. Konzentrieren Sie sich vor allem auf die Langtriebe.

Das richtige
Werkzeug

Gutes Werkzeug
ermöglicht es Ihnen,
die Hälfte Ihres Kraft-
und Zeitaufwandes ein-
zusparen.

Für die Entfernung der mehr
oder weniger starken Triebe
am Baum ist korrekte und
saubere Arbeit notwendig.
Dazu ist auch qualitativ
hochwertiges Werkzeug
notwendig. Gutes Werkzeug
ist zwar teurer, dafür hält
es auch jahrzehntelang. Zur
Grundausstattung für den
Hobbygärtner gehören:

▸ **Kleine Baumschere**
▸ **Astschere** mit langen Hol-
men und Griffen
▸ **Bügel- oder Akkusäge**
▸ **Schwertsäge/Teleskopsäge**
▸ **Abziehstein** zum Schärfen
der Klinge
▸ **Messer (Hippe)** zum Nach-
schneiden der Wundränder
▸ **höhenverstellbare Leiter**

Mit dieser Grundausstattung
sind Sie für die Arbeit im
Baum gut gerüstet. Sollten
Sie an Halb- oder Hoch-

Grundausstattung an Werkzeugen für den Hobbygärtner, die für
die Baumpflege notwendig sind.

stämmen arbeiten müssen, ist eine Leiter in Holz- oder Aluminiumausführung empfehlenswert. Teleskopleitern mit einer Arbeitslänge von 4,50 bis 5,50 m können im eingeschobenen Zustand noch in den meisten PKWs transportiert werden.

Scheren

Für den Schnitt an Obstgehölzen eignen sich einschneidige Leichtmetallscheren bis zu einer Aststärke von etwa 1,5 cm. Es gibt Scheren, bei denen sich die Griffweite der Hand einstellen lässt. Auf Ambossscheren sollten Sie verzichten: Hier drückt die Klinge das Material gegen eine feste Fläche; erhöhter Kraftaufwand mit dem Risiko von Rindenquetschungen sind die Folge. Bei den Astscheren sollten Sie abwägen, wie häufig Sie die Schere benötigen. Schneiden Sie wenig und/oder selten, genügt ein durchschnittliches Produkt. Benötigen Sie die Schere öfters bis zu Aststärken von etwa 3,5 cm Durchmesser, so ist der Kauf eines teureren, aber hochwertigeren Markenartikels sehr zu empfehlen.

Bügelsäge

Eine Bügelsäge, bei der das Sägeblatt im Schnittwinkel verstellt werden kann, gehört zur Grundausstattung. So können Sie auch in Astgabeln problemlos zum Schnitt ansetzen. Die Bügelsägen werden in verschiedenen Längen angeboten. Eine kurze Säge hat den Vorteil, dass Sie auch bei eingeschränkten Platzverhältnissen einen Schnitt durchführen können.

Messer

Das Messer mit der halbmondförmigen Schneidefläche, auch Hippe genannt, wird zum Behandeln von verletztem Holz, lockerer Rinde, zum Nachschneiden der Wundränder und zum Ausschneiden von kranken Stellen benötigt.

Wundbehandlungsmittel (optional)

Wundbehandlungs- oder Wundverschlussmittel sollen größere Schnittflächen gegen das Eindringen von mikroskopisch kleinen Krankheits- oder Schaderregern (z. B. Pilzsporen) schützen. Sinnvoll ist dies erst ab einem Durchmesser > 25 cm. Tragen Sie das Wundverschlussmittel vom Rand zur Mitte hin auf. Dabei in der Mitte ca. 4 bis 5 cm offen lassen, damit der Baumsaft abfließen kann.

Smart

Darauf kommt es beim Werkzeug an

> **Keine starken** Triebe mit einem zu schwachen Werkzeug schneiden, jedes Nachsetzen vergrößert die Infektionsgefahr.

> **Astscheren** mit langen Holmen verringern den Krafteinsatz.

> **Werkzeug** nach jedem Einsatz säubern und nachschärfen.

> **Beim Leiterkauf** von einem Fachmann beraten lassen, auf „Geprüfte Sicherheit" (GS) achten.

> **Bei Akkuwerkzeugen** auf gute Akkuleistung achten.

> **Klappsägen** sind klein, handlich und funktional.

Obstschnitt-Praxis

Pflanzen

Schritt für Schritt

Sie können Ihren Baum im Herbst oder Frühjahr pflanzen. Eine Frühjahrspflanzung hat den Vorteil, dass es keine Frostschäden durch strenge Winterfröste für den jungen Baum geben kann.

Je nach Art des Baumes (z. B. schwach wachsende Veredlung oder wüchsiger Sämling) müssen Sie Ihrem Baum den Start in die Vegetationsphase erleichtern. Vor jeder Pflanzung sollten die Standort- und Bodenbedingungen geprüft werden. Eine sorgfältige Bodenvorbereitung und das Ausheben eines großzügigen Pflanzloches sind besonders wichtig, damit die Wurzeln zügig wachsen und sich im Erdboden verankern können – denn die Wurzeln sind das Fundament des Baumes. Dafür sollten Sie die Grubensohle etwas auflockern. Bei Grundstücken in Nähe zur offenen Landschaft sollten Sie die Wurzeln mit einem Drahtkorb schützen, um Fraßschäden durch Wühlmäuse vorzubeugen. Nach dem Pflanzen sorgt eine Baumscheibe dafür, dass Wasser und Nährstoffe direkt an den Wurzelstock gelangen.

1 **Sie können** zwischen einer runden oder quadratischen Pflanzgrube wählen. Die quadratische Form mit abgeschrägten Wänden ist leichter mit dem Spaten herzustellen. Als Faustregel gilt, dass die Grube immer einen 1,5-fach größeren Durchmesser als die Größe des Wurzelballens bekommt:

▶ für einen Hochstamm:
   70 × 70 cm, etwa 50 cm tief;
▶ für einen Halbstamm:
   etwa 50 × 50 cm, 40 cm tief;
▶ für einen Buschbaum:
   40 × 40 cm × 40 cm;
▶ für die Spindel:
   etwa 30 × 30 cm × 30 cm.

2 Lockere, feinkrümelige Erde etwa 5 cm hoch in die Pflanzgrube einfüllen und einen Pfahl setzen. Dieser sollte später deutlich bis zu den ersten Astverzweigungen der Krone reichen. Dann den Baum setzen. Die Veredelungsstelle muss 10 cm über der Bodenoberfläche liegen. Die Grube mit lockerer Erde auffüllen und immer wieder leicht andrücken, damit keine Hohlräume entstehen.

3 Immer wieder den Baum leicht bewegen, damit Erde in die Zwischenräume im Wurzelballen rutschen kann. Einen Gießrand formen, damit das Wasser nicht wegfließen kann. Nun mit ein bis zwei Gießkannenfüllungen (15 bis 20 l) angießen. Gegebenenfalls die Baumscheibe abmulchen.

4 Abschließend die Erde nochmals leicht mit dem Stiefel andrücken. Die Standfestigkeit des Pfahles kontrollieren. Den Baum kurz unterhalb der ersten Verzweigung anbinden. Der Abstand sollte etwa 10 cm betragen. Dabei eine „Acht" vom Pfahl beginnend um den Baumstamm winden und festknoten.

Wurzel- und Pflanzschnitt

Wenn Sie einen jungen Obstbaum als Wurzelware (also ohne Erdballen) von der Baumschule, dem Gartencenter oder dem Gartenfachbetrieb erworben haben, kann es vorkommen, dass die Wurzeln durch Ausgraben oder Transport beschädigt worden sind.

Das ist nicht weiter schlimm, jedes Wurzelgeflecht kann durch Schnitt wieder korrigiert werden. Die Wurzeln werden mit der Baumschere geschnitten. Sie nehmen den Baum in die Hand und drehen den Stamm in eine Richtung, dabei passiert jeder Wurzelbereich die Schnitthand. Schwarze, ausgetrocknete sowie verletzte Faserwurzeln werden abgeschnitten. Stärkere, bleistift- bis fingerdicke beschädigte Wurzeln werden – sofern der gesamte Wurzelabschnitt betroffen ist – komplett herausgeschnitten, ansonsten erfolgt ein leicht schräger Rückschnitt bis in das gesunde weiße Gewebe. Die stärkeren, gesunden Wurzeln werden um maximal ein Viertel zurückgeschnitten. Abschließend werden alle Faserwurzeln noch leicht eingekürzt. Der Wurzelschnitt sollte sich nur auf das Notwendigste

> **Start mit dem Pflanzschnitt**
> **Gut:** stern- oder kreuzförmige Leitaststellung
> **Korrekturen** mit Spreizhölzern oder Gewichten
> **Leitastschnitt** auf gleicher Ebene (Saftwaage) durchführen

Smart

beschränken. Je mehr gesunde Wurzeln der Baum beim Pflanzen hat, desto kräftiger wird der Austrieb sein.

Vor dem Pflanzen schneiden

Bei einem Baum mit vielen Seitentrieben sucht man sich drei oder vier starke, in der Höhe versetzt abzweigende Seitenäste aus, die die zukünftigen Leitäste ergeben. Idealerweise sind dabei die Leitäste stern- oder kreuzförmig um den Stamm herum angeordnet. Zunächst sollten die Leitäste in einen Winkel von etwa 45° oder etwas flacher vom Stamm abgehen. Das kann mit einem Spreizholz geschehen, also einem geraden, finger- bis daumendicken Holzstück, das an beiden

Wichtiges zum Wurzelschnitt

> Bäume mit Erdballen haben bessere Startvoraussetzungen.

> Wässern von Wurzelware verbessert das Anwachsen des Baumes.

> Starke Wurzeln um maximal ein Viertel einkürzen.

> Verfaulte und kranke Wurzelstücke entfernen!

> Mit der Baumschere oder einem scharfen Messer schneiden.

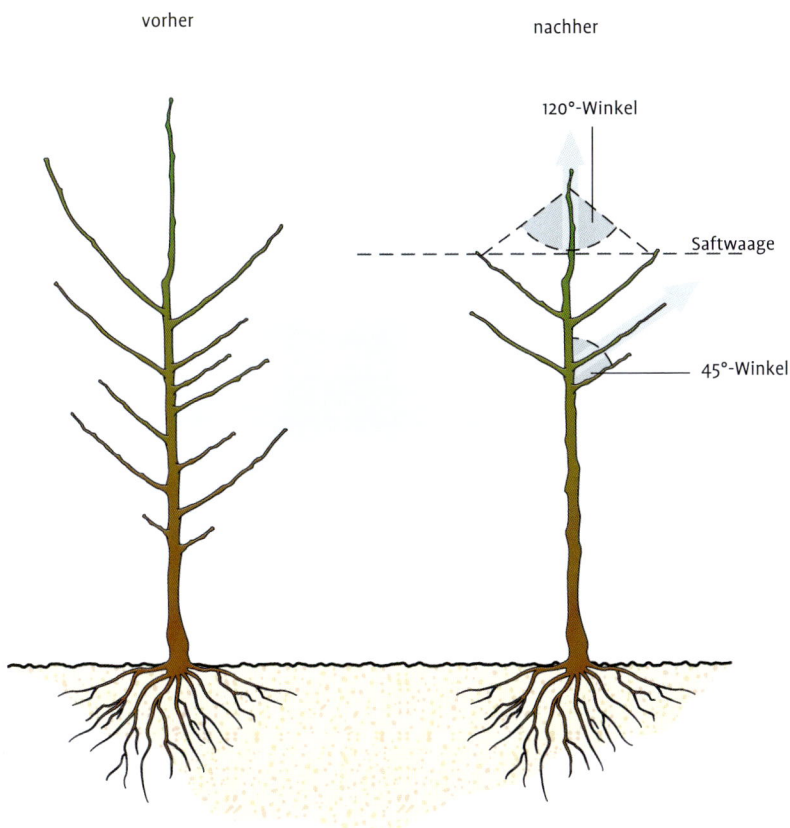

vorher

nachher

120°-Winkel

Saftwaage

45°-Winkel

Jungbaum mit vielen Seitenästen vor und nach dem Pflanzschnitt.

Enden V-förmig eingekerbt ist. Weitere Möglichkeiten sind, Gewichte anzubringen oder die Äste herunter- beziehungsweise hochzubinden. Danach werden die Leitäste um maximal ein Drittel auf ein außen liegendes Auge eingekürzt, sodass sich alle Schnittflä- chen ungefähr auf gleicher Ebene befinden (Saftwaage). Der Konkurrenztrieb, die Abzweigung im oberen Teil des Leittriebes, wird ent- fernt. Dabei belässt man in der Regel den kürzeren Teil. Am Ende der Schnittarbeiten steht das Einkürzen des mitt- leren Leittriebes, sodass der Winkel zwischen der Schnitt- ebene der Leitäste und dem eingekürzten Mitteltrieb in etwa 120° beträgt. Als Faustregel gilt: Zwei Hand- breit über der Schnittebene der Leitäste wird der mitt- lere Leittrieb oberhalb eines Auges eingekürzt. Fertig ist der Pflanzschnitt!

Äpfel schneiden

Die Fruchtholzbildung und damit die Blühwilligkeit an den einzelnen Ästen einer

Krone ist abhängig vom Holzalter. Die Fruchtbarkeit nimmt von den äußeren, jüngeren Astpartien zu den älteren, im Bauminneren liegenden Kronenbereichen ab.

Allerdings spielt die Sorte bei den verschiedenen Obstgehölzen eine große Rolle. Um einer verfrühten Bildung von „altem Holz" entgegenzuwirken, sind Eingriffe im Kronenaufbau notwendig – man spricht landläufig von „Erziehen".

Erziehungsschnitt

Der Erziehungsschnitt – hier für eine Rundkrone beschrieben – wird an der jungen Baumkrone so lange wieder-

holt, bis die Krone fertig aufgebaut ist. Das kann je nach Obstart und Unterlage bis zu acht Jahren dauern. Der Erziehungsschnitt ist anspruchsvoller als der Pflanz-, Auslichtungs- oder Erhaltungsschnitt. Bevor Sie zu schneiden beginnen, müssen Sie festlegen, wie der Baum in fünf oder sechs Jahren aussehen soll. Der folgende, vereinfachte „Fahrplan" soll Ihnen dabei helfen:

▸ **Konkurrenztrieb** an der Stammverlängerung und Verzweigungen im Endbereich der Leitäste alle entfernen.

▸ **Senkrecht wachsende Triebe** auf der Astoberseite („Aufsitzer") sowie die nach

Jahr

1.

2.

3.

4.

Empfehlenswerte Sorten: z. B. ‘Jonathan, ‘Elstar', ‘Idared', ‘Pinova'

Zonen der Fruchtbildung am Apfel, abhängig vom Alter.

Gute Erziehung ist wichtig!

> Jährlich die korrekte Stellung der Leitäste überprüfen.

> Die Stammmitte nicht zu weit oben anschneiden. Bei hohem Anschnitt bilden sich zu wenig Seitenäste.

> Bei Verzweigungen eine Richtung festlegen und entsprechend auslichten.

> Nicht bei Temperaturen unter –10°C schneiden!

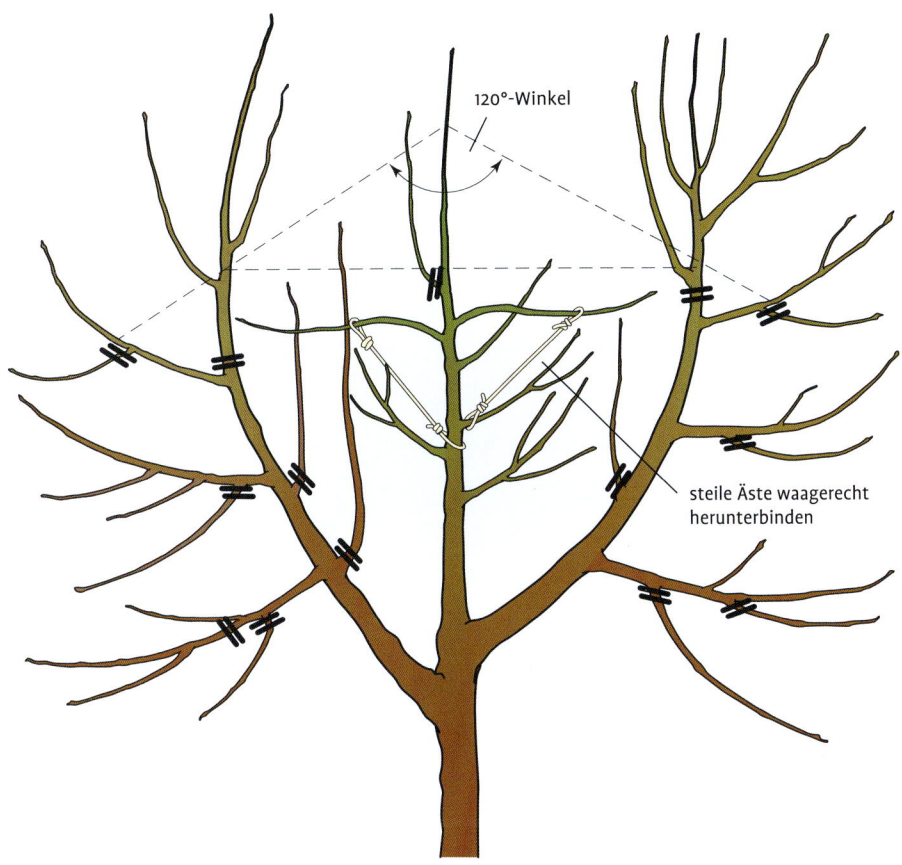

120°-Winkel

steile Äste waagerecht
herunterbinden

Erziehungsschnitt am Apfel.

innen wachsenden Triebe
wegschneiden.

▶ **Weitere Seitentriebe** außer
den Kurztrieben (Blüten-
lieferanten) bei zu dichtem
Wuchs auslichten.

▶ **Die Triebe am Astansatz**
wegschneiden, dabei aber
unbedingt den wulstartig
ausgebildeten Astring als
Zone des Neubildungs-
gewebes stehen lassen.

▶ **Keine Aststummel** („Klei-
derhaken") stehen lassen,
da sich hier im nächsten
Jahr zwei neue Triebe bilden
oder der Stummel zurück-
faulen kann.

▶ **Lange Seitentriebe,** die im
oberen Bereich des Stammes
abzweigen, möglichst auf
die Waagerechte herunter
binden, um das Triebwachstum zu beruhigen.

▶ **Stellung der Leitäste** (45°
oder geringfügig flacher)
überprüfen und gegebenen-
falls durch Abspreizen oder
Hochbinden korrigieren.

▶ **Mittel-/Leittrieb** auf etwa
60 bis 80 cm über den letzten Seitenästen zurücknehmen, sodass ein Winkel von
etwa 120° entsteht.

▶ **Seitenäste** auf ungefähr
gleiche Höhe bringen.

Apfel: auslichten und verjüngen

Der Auslichtungsschnitt ist notwendig, wenn der Obstbaum „in die Jahre" gekommen ist. Meistens handelt es sich dabei um ältere Obstbäume, die durch frühere Schnittmaßnahmen zwar gut aufgebaut wurden, aber in den letzten Jahren keine Korrekturschnitte erfahren haben. Die Krone macht einen ungepflegten Eindruck, das Astwerk ist

Verjüngen schrittweise

> Den Baum in seinem Wuchs, Astgerüst, seiner Erscheinungsform einschätzen.

> Schnittkonzept grob festlegen.

> Baumhöhe festlegen und alle Arbeiten darauf ausrichten.

> Schnittflächen > 25 cm mit einem Wundverschlussmittel nur am Rand verstreichen (optional).

Auslichtungsschnitt am älteren Apfel; entfernte Partien grau gefärbt.

sehr dicht und im Bauminneren bildet sich kaum noch Fruchtholz aufgrund des geringen Lichteinfalls. Ansätze zur Verkahlung sind sichtbar. Bevor Sie mit dem Sägen bzw. Schneiden beginnen, machen Sie sich Gedanken über das zukünftige Aussehen des Baumes.

Auslichten: Zwei-Stufen-Programm

▸ **Zuerst** sollten Sie entscheiden, welche bestehenden Astpartien Sie übernehmen wollen. Wo müssen Leitäste deutlich eingekürzt werden, damit die Krone wieder ins Gleichgewicht kommt? Wo müssen eventuelle Konkurrenztriebe zur Stammmitte herausgenommen werden?

▸ **Im zweiten Schritt** werden dann die stark nach oben und nach innen wachsenden Triebe und eng beieinanderliegende Äste herausgenommen. Ist diese Arbeit abgeschlossen, wird die Krone Meter für Meter ausgelichtet. Das Maß des Auslichtens ist abhängig von der Menge des Fruchtholzes. Achten Sie auf einen guten Lichteinfall in die Baumkrone!

Verjüngungskur

Der Verjüngungsschnitt ist nicht zu verwechseln mit dem Auslichtungsschnitt. Beim Verjüngen nimmt man bei älteren Obstbäumen die Krone zurück, wenn sie kaum noch Jungholz zeigen, zu verkahlen beginnen und sobald die Früchte nur noch klein ausfallen. Dadurch wird der Baum zur Bildung von Neutrieben angeregt; nach ein bis zwei Jahren verbessert sich die Fruchtqualität merklich.

Bevor mit der eigentlichen Verjüngung begonnen wird, ist die gesamte Krone auszulichten, damit Sie Platz zum Arbeiten haben. Nun müssen Sie die Baumhöhe festlegen,

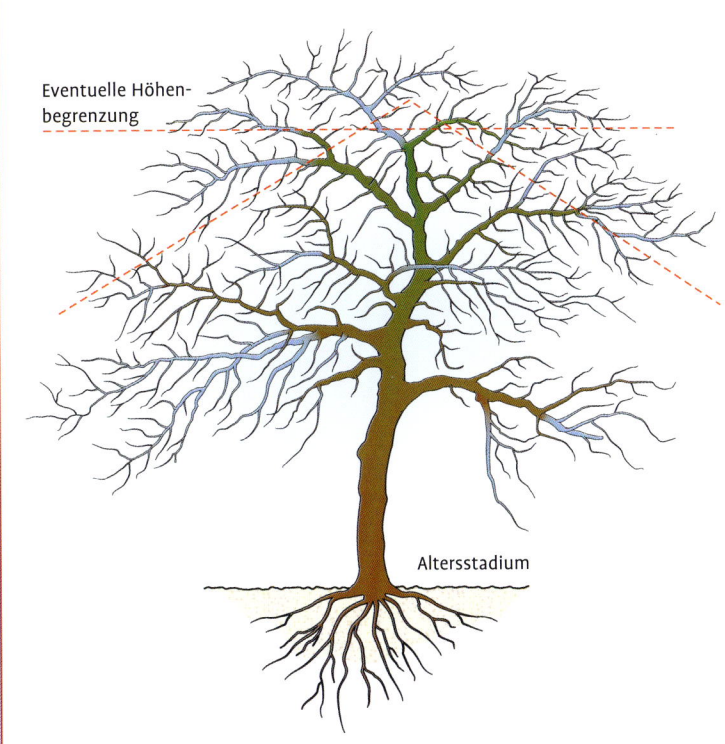

Eventuelle Höhenbegrenzung

Altersstadium

Verjüngung mit Höhenbegrenzung, zu Entfernendes ist blau gefärbt.

da hiervon alle anderen Arbeiten beeinflusst werden. Bei der Höhenbegrenzung nehmen Sie den Leit- oder Mitteltrieb (die Stammverlängerung) bis auf einen fast waagerecht abgehenden Ast auf die gewünschte Höhe zurück.

Nun folgt die klassische Verjüngung: Bei Leitästen, die sich geteilt haben, müssen Sie eine Richtung vorgeben und den anderen Teil entfernen. Die Leitastverlängerungen werden in

entsprechender Höhe zur neuen Stammmitte abgesägt, sodass sie in einem 120°-Winkel zueinander stehen.

Durch das Entnehmen von älterem Quirlholz und sonstigen störenden Ästen regen Sie den Baum wieder zur Fruchtholzbildung an. Da alle Maßnahmen recht große Schnittflächen verursachen, ist eine Wundbehandlung mit einem Pilz hemmenden Verschlussmittel ratsam.

Robuste
Apfelsorten

D as heutige Angebot von Apfelsorten ist so
vielfältig, dass dem Hobbygärtner die richtige
Sortenentscheidung schwer fällt.

„Robust" ist eine Pflanze,
wenn sie sich gegenüber
bestimmten Krankheiten
und Schädlingen wenig
anfällig zeigt. In der folgenden kleinen Sortenüber-
sicht sind einige Apfelsorten zusammengestellt, die
sich aufgrund ihrer Eigenschaften gut für den Hobbygärtner eignen. Die für ihn
wichtigen Eigenschaften
wie Fruchtgröße, Pflege-
aufwand, Ansprüche oder
auch Einschränkungen
werden in prägnanten
Stichworten aufgeführt.
Bei der Auswahl wurde
bewusst auf Robustheit,
geringen Pflegeaufwand,
Krankheitsresistenz und
Tafelobstqualität geachtet.

Die Auswahlkriterien für die
Obstart oder -sorte sollten
Lage, Klimabedingungen,
Bodenbeschaffenheit und
Wasserführung berücksich-
tigen. Die richtigen Standortbedingungen erhalten
die Pflanze über viele Jahre
gesund.
Wenn Sie außerdem Nist-
gelegenheiten und gute
Bedingungen für natürliche
Gegenspieler wie Marien-
käfer, Schwebfliegen oder
Raubmilben schaffen und
Sie sich außerdem einen
geringstmöglichen Einsatz
von Pflanzenschutzmitteln
zum Ziel setzen, werden Sie
viel Freude an Ihrem gesunden Baum und leckeren
Früchten haben.

'Florina'

reich fruchtend

▸ **Beschreibung:** Diese Sorte
ist krankheitsresistent, wenig
schorfanfällig und erfordert
nur geringen Pflegeaufwand.

▸ **Eigenschaften:** Frucht
mittelgroß bis groß mit
schöner Ausfärbung;
Pflückreife Mitte bis Ende
Oktober; gute bis sehr gute
Lagereigenschaften.

▸ **Standortansprüche:** Relativ
anspruchslos, gedeiht auf warmen Böden bei sonnigem bis
leicht schattigem Standort.

▸ **Bemerkung:** Da die Sorte
reichlich Früchte ansetzt, ist
gelegentliches Ausdünnen
des Fruchtholzes notwendig.
In geschützten Lagen auch
in Höhenlagen (> 700 m) ausreichende Tafelobstqualität.

'Idared'

etwas anfällig

▸ Beschreibung: 'Idared' ist etwas anfällig für Mehltau und Schorf. Der Pflegeaufwand ist gering bis mittel.

▸ Eigenschaften: Frucht eher groß mit einer kräftig roten Ausfärbung: Pflückreife während des ganzen Oktobers; relativ gute Lagereigenschaften.

▸ Standortansprüche: Benötigt einen relativ warmen Standort, aber nicht unbedingt Weinbauklima.

▸ Bemerkung: Erfordert etwas Aufmerksamkeit hinsichtlich Schorf- und Mehltaubefall.

'Pinova'

robuste Einsteigersorte

▸ Beschreibung: 'Pinova' hat eine hohe Widerstandskraft gegenüber Pilzkrankheiten. Wegen ihrer Robustheit sehr gut geeignet für Einsteiger.

▸ Eigenschaften: Frucht mittelgroß mit gleichmäßiger Fruchtgröße; Pflückreife ab Anfang Oktober; gute bis sehr gute Lagereigenschaften.

▸ Standortansprüche: Diese Sorte ist relativ anspruchslos.

▸ Bemerkung: Sehr wenig Pflegeaufwand notwendig, etwas schorfempfindliche Sorte.

'Fiesta'

früh reifender Apfel

▸ Beschreibung: Eine Sorte, die vor den anderen Sorten geerntet werden kann, aber kein Frühapfel ist.

▸ Eigenschaften: Frucht klein bis mittelgroß mit wenig Ausfärbung; Pflückreife bereits ab Mitte September; weniger gute Lagereigenschaften.

▸ Standortansprüche: Toleriert auch etwas ungünstige Standorte.

▸ Bemerkung: Sehr wenig Pflegeaufwand notwendig, Apfelsorte für den Frischverzehr.

Birnen schneiden

Die Fruchtholzbildung bei der Birne verhält sich ähnlich wie beim Apfel. Die Blühwilligkeit und Fruchtbildung ist abhängig vom Holzalter. Die Fruchtbarkeit nimmt von den außen liegenden, jüngeren Astpartien zu den älteren, in Stammmitte liegenden Bereichen ab. Der Schwerpunkt der Fruchtbildung liegt bei der Birne am drei- bis vierjährigen Holz.

Erziehungsschnitt

Nachdem auf der Seite 88 der Erziehungsschnitt am Apfelbaum behandelt wurde, werden hier die wesentlichen Unterschiede des Wuchsverhaltens von Birnen gegenüber Äpfeln beschrieben und ergänzende Schnitthinweise gegeben.

Auch bei der Birne ist das Schnittziel, eine Krone mit einem Traggerüst gut verteilter Leitäste, locker gestreuter Seiten- und Fruchtästen und reichlich Fruchtholz aufzubauen. Wie beim Schnitt am Apfelbaum müssen Sie hier mit etwa sechs bis acht Jahren bis zum fertigen Kronenaufbau rechnen. Beim Erziehungsschnitt der Birne wird in den ersten vier Jahren prinzipiell genauso vorgegangen wie beim Apfel: Nicht mehr benötigte Neutriebe, Konkurrenztriebe und störende Astverzweigungen werden weggeschnitten. Aber die Birne baut von Natur aus schmaler auf als der Apfel und strebt intensiver nach oben. Dieses Verhalten muss man beim Erziehungsschnitt berücksichtigen. Waren beim Pflanzschnitt keine günstig gestellten und gleichmäßig verteilten Leitäste vorhanden, so besteht jetzt die Möglichkeit der Korrektur: Ein unzureichender Leitast, der einen ungünstigen Verlauf oder eine falsche Richtung hatte, wird durch einen günstiger gestellten Jungtrieb ersetzt.

Die Leitäste werden in den Folgejahren immer wieder auf ein nach außen zeigendes Auge zurückgenommen, um das Breitenwachstum zu fördern. Der Rückschnitt richtet sich auch nach der Wuchsstärke des Baumes. Bei einem schwachen Verlängerungstrieb kann bis zur Hälfte eingekürzt werden. Kräftige Triebe nimmt man auf etwa ein Viertel bis maximal ein Drittel zurück. Steil nach oben zeigende Leitäste sollten Sie abspreizen, damit die Krone nicht zu schmal wird. Die Stellung der Leitäste sollte dabei maximal 45° betragen, besser etwas flacher. Zum Abspreizen

Birnen erziehen

> Leitaststellung 45° oder etwas flacher, die Leitaststellung jährlich überprüfen!

> Die Birne neigt zum „Durchgehen": den Mitteltrieb stärker zurücknehmen!

> Alle Schnittmaßnahmen so ausrichten, dass Licht in den Baum kommt.

können junge, flexible Äste bis zu 10 cm nach außen gedrückt werden. Bei älteren Zweigen ist etwas mehr Vorsicht geboten: Hier ist bei 3 bis 5 cm die Grenze erreicht, da ansonsten der Ast schnell einreißen würde.

Auch bei der Birne kann über das Herunterbinden langer Seitentriebe im oberen Kronenbereich in eine fast waagerechte Lage das Triebwachstum gebremst werden. Wie auch beim Apfel sollten Sie senkrecht nach oben wachsende, bestehende sowie neu heranwachsende Triebe an den Ansatzstellen auslichten und nach innen wachsende Äste entfernen. Der mittige Leittrieb der Birne neigt zum „Durchgehen", das Triebwachstum der Stammmitte ist also stark ausgeprägt. So kann dieser Zuwachs in einem Jahr bis zu 2 m betragen! Sie sollten beim jährlichen Rückschnitt hier mehr als beim Apfel zurücknehmen. 10 bis 20 cm unterhalb des eingekürzten Mitteltriebes werden alle Seitentriebe entfernt. Der Rückschnitt ist ideal ausgeführt, wenn viele Knospen austreiben und sich etwas mehr Fruchttriebe als Holztriebe entwickeln.

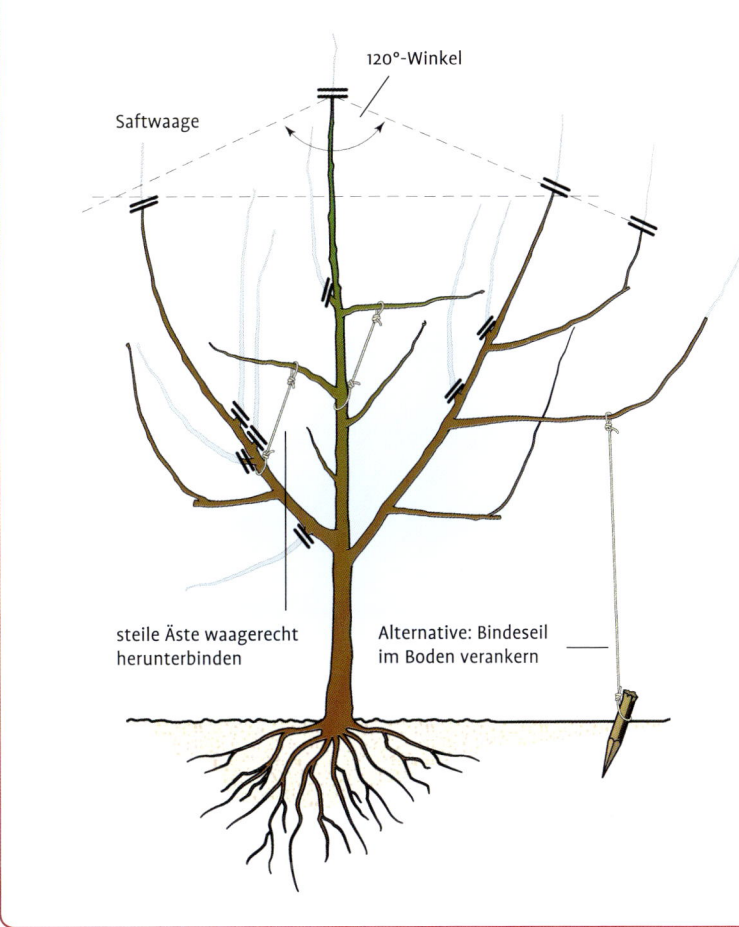

120°-Winkel

Saftwaage

steile Äste waagerecht herunterbinden

Alternative: Bindeseil im Boden verankern

Wichtiges in Kürze

> **Starkes Einkürzen** verursacht starken Austrieb, aber wenig Fruchttrieb.

> **Leitäste** auf ein nach außen zeigendes Auge zurückschneiden.

> **Wachstum** durch waagerechtes Herunterbinden der Äste beruhigen.

Smart

Erziehungsschnitt bei der Birne. Da sich die Birne schmaler als ein Apfelbaum aufbaut, muss man durch verschiedene Maßnahmen die Krone möglichst breit entwickeln: mittels Triebschnitt auf ein nach außen zeigendes Auge, durch Herunterbinden von Ästen an andere Äste oder an einen Pflock im Boden, ggf. durch Abspreizen mit Spreizhölzern (nicht dargestellt). Der Dachwinkel der Kronenspitze beträgt wie beim Apfel etwa 120°.

Birnenkronen auslichten und erhalten

Bestandsaufnahme

> Wie sieht die Krone des Baumes aus?

> Wie entwickeln sich die Früchte?

> Sind Äste krank oder beschädigt?

> Gibt es Wühlmausspuren in Baumnähe?

Erhaltungsschnitt bei Birnen

Der Erziehungsschnitt ist nach etwa fünf bis sieben Jahren abgeschlossen, die Leitäste haben einen relativ flachen Verlauf, es wächst nichts nach innen oder senkrecht nach oben; die nach unten wachsenden Äste wurden entfernt, es kommt Licht in den Baum – die Krone ist fertig aufgebaut. In diesem Alter ist ein richtig erzogener Baum fast im Vollertragsstadium.
Damit dieser Zustand auch viele Jahre erhalten bleibt, muss die Entwicklung von Holz- und Fruchttrieben in den kommenden Jahren ausgewogen sein. Diese Ausgewogenheit bedeutet: viele Neutriebe, ausreichende Blütenbildung, regelmäßige Ernten. Gerät diese Ausgewogenheit in eine Schieflage, sollten Sie Maßnahmen zur Wiederherstellung des Gleichgewichts ergreifen. Bevor mit dem Sägen oder Schneiden begonnen wird, sollten Sie eine Bestandsaufnahme (siehe Kasten) machen.
Ist die Krone länglich und schmal aufwärts strebend, werden die Leitäste auf einen tiefer liegenden, nach außen gehenden Trieb abgesetzt. Störende Äste im Kroneninneren werden sorgfältig ausgelichtet. Krankes oder beschädigtes Holz wird bis ins gesunde Holz zurückgeschnitten. Bei Wühlmausschäden an der Wurzel hilft nur konsequentes Aufstellen von speziellen Wühlmausfallen oder Vertreiben der Plagegeister mittels Gaspatronen.

Baumkronen erneuern

Sollten Sie Bäume besitzen, die schon 20 bis 30 Jahre alt sind, kann die Vitalität des Baumes nachlassen. Weniger Fruchtholz, kleinere und unansehnlichere Früchte führen zu weniger Ertrag; die Krone ist durch ineinander wachsende Zweige sowie Quirlholz viel zu dicht und ohne Fruchtholz. Jetzt sollten Sie eine Kronenerneuerung einleiten. Nach einer ersten Beurteilung werden zuerst die kranken, verletzten, von Baumkrebs befallenen, dürren und zu dicht stehenden Äste herausgenommen. Im zweiten Schritt sind starke, nach innen und nach oben wachsende Äste zu entfernen. Um Licht in den Baum zu bringen, ist es gegebenenfalls notwendig, einen ganzen Astkranz zu entfernen. Um das Obst in erreichbarer Nähe wachsen und heranreifen zu lassen, sollten Sie noch die Gesamthöhe begrenzen. Nehmen Sie dazu den Mitteltrieb (die Stammverlängerung) auf einen darunterliegenden Astkranz zurück.

Besonders Birnen mit ihrem starken Triebwachstum sollten Sie regelmäßig kontrollieren und bei ihnen rechtzeitig regulierend eingreifen. So vermeiden Sie riskante Schnittmanöver auf durchgewachsenen, viel zu hohen Bäumen!

Kronenerhaltung

> **Vor dem Schnitt** den gesamten Baum beurteilen.
> **Äste** auf Krankheiten und Verletzungen überprüfen.
> **Licht** in den Baum bringen: überzähliges und störendes Astwerk auslichten.
> **Rückschnitt** auf zwei Jahre verteilen.

Smart

Birnenernte – bei gut entwickelten, gesunden Früchten eine Freude!

Robuste
Birnensorten

F ür den Hausgarten stehen viel mehr Sorten mit besseren Fruchtqualitäten zur Verfügung als die eingeschränkte Auswahl, die man im Supermarkt vorfindet.

Ob ein Baum wohlschmeckende und gesunde Birnen tragen wird, entscheidet sich mit der Sortenwahl im Gartencenter oder in der Baumschule. Tafelbirnen haben etwas höhere Wärmeansprüche als Äpfel. Birnen aus Höhenlagen über 600 m über NN entwickeln in der Regel nicht mehr genügend Fruchtsüße; sie werden vorwiegend zur Saftherstellung verwendet.
Neben dem Geschmack ist für die Sortenwahl auch die Anfälligkeit gegenüber Krankheiten und Schädlingen entscheidend. Voraussetzung für die Robustheit der Birne ist, dass der Standort nicht zu kalt und rau ist, der Boden keine Staunässe aufweist und nicht zu kalkreich ist.
Birnensorten werden auf auf Sämlings- und Quittenunter-

lagen angeboten. Auf Sämlingsunterlagen stellt sich der Ertrag erst spät ein. Birnen auf Quittenunterlagen sind von deutlich schwächerem Wuchs und der Fruchtertrag stellt sich wesentlich früher ein.
In der folgenden Sortenübersicht sind einige Birnensorten zusammengestellt, die sich aufgrund ihrer Pflegeleichtigkeit für den Hobbygärtner gut eignen. Auch wohlschmeckende, aber etwas empfindlichere Sorten wie 'Madame Verte', 'Conference', 'Uta' oder 'Isolda' haben ihre Berechtigung. Übrigens: Birnen brauchen immer eine andere Birnensorte zum Bestäuben, deshalb immer zwei verschiedene, zueinander passende Sorten pflanzen!

'Alexander Lucas'

Lagerfähige Tafelbirne

▶ Beschreibung: 'Alexander Lucas' ist wegen der Robustheit sehr gut geeignet. Diese Birnensorte ist wenig anfällig gegen Schorf.

▶ Eigenschaften: Frucht mittelgroß bis groß mit einer gelblichen Ausfärbung; Pflückreife ab Anfang Oktober; Lagereigenschaften: Lagerung bis Dezember möglich.

▶ Standortansprüche: Relativ anspruchslos; gedeiht am warmen, sonnigen bis leicht schattigen Standort.

▶ Bemerkung: Weit verbreitete Tafelbirne, die bis in Höhenlagen von 600 m ü. NN angebaut werden kann.

'Frühe von Trevoux'

Birne für den Frischverzehr

▸ **Beschreibung:** Eine wegen ihrer Anspruchslosigkeit relativ weit verbreitete Sorte für den Hausgarten.

▸ **Eigenschaften:** Frucht mittelgroß, birnen- bis glockenförmig mit einer hellgelben Ausfärbung; Pflückreife ab Mitte August; Lagereigenschaften: nur kurzfristig lagerbar.

▸ **Standortansprüche:** Gedeiht auch noch an mäßig warmen Standorten.

▸ **Bemerkung:** Sorte für den Frischverzehr. Pflanzungen bis zur einer Höhenlage von 600 m ü. NN möglich.

'Gellerts Butterbirne'

Wuchsstarker Baum

▸ **Beschreibung:** Die Sorte ist nicht ganz so robust wie 'Alexander Lucas'. Sie ist etwas schorfanfällig.

▸ **Eigenschaften:** Frucht mittelgroß bis groß. Grüngelbe Farbe mit einem leichten Rostüberzug; Pflückreife ab Mitte September; mäßig gute Lagereigenschaften.

▸ **Standortansprüche:** Geringe Ansprüche an die klimatischen Bedingungen.

▸ **Bemerkung:** Widerstandfähig gegen Winterfröste. Besonders wuchsstark. Nach maximal vier Wochen die Früchte verwerten!

'Gute Luise'

Pflegeleichte Sorte

▸ **Beschreibung:** Die Sorte fordert etwas mehr Wärme; sie ist am richtigen Standort pflegeleicht.

▸ **Eigenschaften:** Frucht klein bis mittelgroß mit schöner Ausfärbung. Man kann sie während des ganzen Septembers ernten; mäßige Lagereigenschaften, bis zu vier Wochen lagerbar.

▸ **Standortansprüche:** Benötigt wärmere Standorte, aber kein Weinbauklima.

▸ **Bemerkung:** Auf Schorf-Infektionen achten!

Sauer-Kirschen schneiden

Wenn Sie eine Sauer-Kirsche im Hausgarten pflanzen wollen, ist ein kleiner Busch-baum auf einer schwächer wachsenden Unterlage emp-fehlenswert. Er bietet den Vorteil, dass er auch im fort-geschrittenen Alter nur etwa 3 bis 3,50 m hoch wird. Das erleichtert Schnitt und Ern-te: Sie benötigen keine Lei-ter und die Früchte können mit Netzen gegen Vogelfraß geschützt werden.

Sauer-Kirschen – frisch vom Baum, als Saft oder Marmelade lecker!

Pflanzschnitt

Nach dem Ausheben der Pflanzgrube folgt der Pflanz-schnitt. Hier werden drei bis vier Leitäste ausgesucht und diese um etwa zwei Drittel auf ein außen liegen-des Auge eingekürzt. Zwi-schen den Leitästen und der Stammverlängerung sollte ein Winkel um die 120° bestehen. Die Stellung der Leitäste zur Stammachse nimmt einen Winkel von etwa 45° ein. Die Äste können Sie durch Herun-ter- oder Heraufbinden in die gewünschte Stellung bringen.

Erziehungs-schnitt

Der Rückschnitt der Seiten-äste und der Stammver-längerung wird über die nächsten vier bis fünf Jahre wiederholt. Dabei müssen Sie immer wieder die Stel-lung der Leitäste kontrollie-ren und zu dicht stehende Triebe auslichten. Bei allen Schnittmaßnahmen sollten Sie nicht vergessen, dass die Sauer-Kirsche vorwiegend

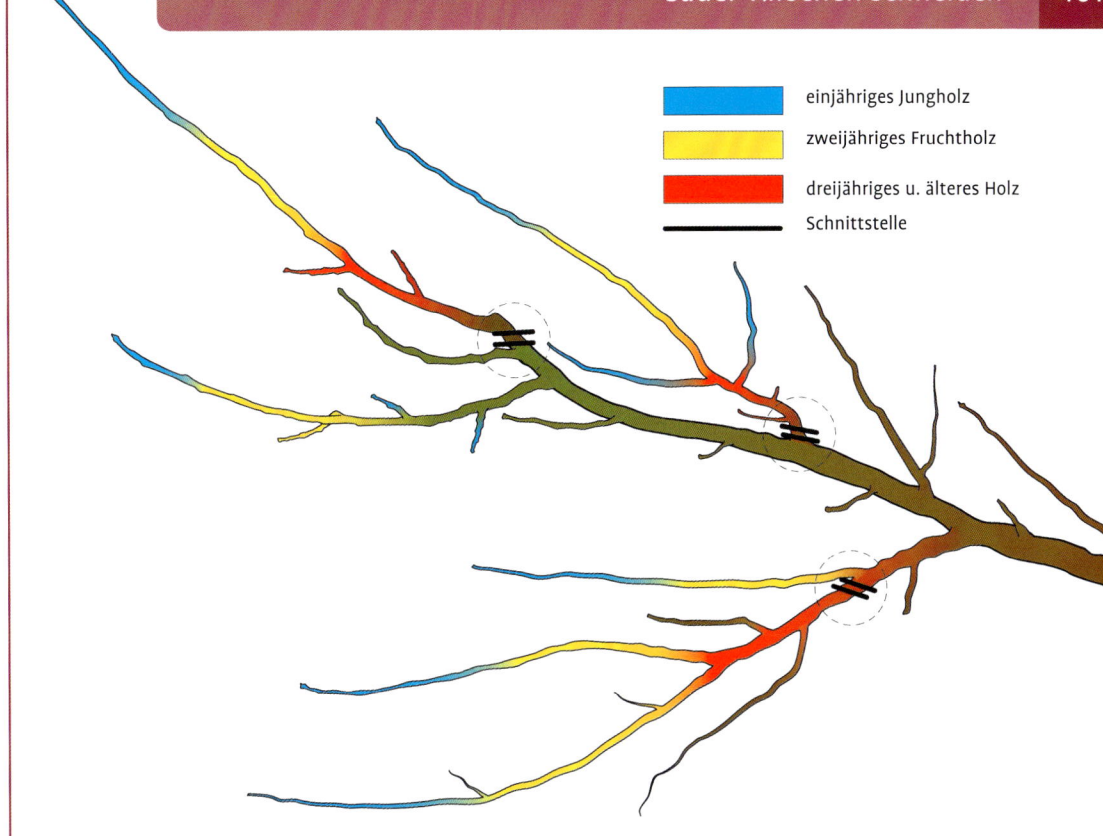

einjähriges Jungholz

zweijähriges Fruchtholz

dreijähriges u. älteres Holz

Schnittstelle

Trieb der Sauer-Kirsche, gemäß seiner Altersstufen geschnitten.

am ein- bis zweijährigen Holz Früchte bildet. Also bitte keine jungen Triebe abschneiden – es ist das zukünftige Fruchtholz!

Erhaltungsschnitt

Etwa ab dem fünften Standjahr sollten Sie Leitastverlängerungen nicht mehr in die Höhe wachsen lassen, sondern auf einen nach außen laufenden, tieferen

Besonderheiten bei der Sauer-Kirsche

> **Sauer-Kirschen** bilden ihre Früchte überwiegend am ein- bis zweijährigen Holz.

> **Die Stammverlängerung** kann nach etwa acht Jahren herausgenommen werden, sodass eine Hohlkrone entsteht.

> **Sauer-Kirschen** sind anfällig für Spitzen- oder Fruchtdürre (*Monilia*) – resistente Sorten bevorzugen!

Smart

Ast ableiten. Die Auslichtungsmaßnahmen an der Sauer-Kirsche beschränken sich auf die Korrektur der Leitäste und dem Herausnehmen von störendem Astwerk. Im fortgeschrittenen Alter kann die Stammmitte oberhalb der Leitastverzweigungen komplett heraus genommen werden, sodass sich eine Hohlkrone bildet. Dadurch dringt mehr Licht in den Baum, die Baumgesundheit und die Fruchtqualität profitieren davon.

Süß-Kirschen schneiden

Eine weiß blühende und im Juli mit prallen Früchten behangene Süß-Kirsche im Garten – was für ein Genuss! Damit Sie die Früchte Ihrer Arbeit ernten können, sind verschiedene Schnittmaßnahmen an einer Süß-Kirsche notwendig.

Pflanzschnitt

Nachdem der Baum gepflanzt worden ist, sorgt der Pflanzschnitt für ein ausgewogenes Verhältnis zwischen reduziertem Wurzelvolumen und oberirdischen Teilen – das erleichtert das

Anwachsen. Der Pflanzschnitt wird wie beim Apfel beziehungsweise bei der Birne durchgeführt. Hier sollten die Leitäste etwas flacher als beim Apfel stehen. Ein Winkel von 60° zur Stammachse ist anzustreben.

Erziehungsschnitt

Für einen Kronenaufbau suchen Sie sich drei oder vier kräftige Triebe aus, die möglichst gleichmäßig am Stamm verteilt sind. Weitere Triebe werden weggeschnitten oder herunter gebunden. Die Leitäste werden nach der allgemeinen Schnittregel (siehe Seite 76) um etwa zwei Drittel auf eine Astebene auf ein nach außen liegendes Auge zurückgeschnitten. Die Stammverlängerung wird soweit eingekürzt, dass sich ein Winkel von etwa 120° zwischen der Spitze der Stammmitte und den Leitastenden ergibt. Das Einkürzen der Leitäste sowie der Stammverlängerung und vorsichtiges Auslichten werden in den folgenden drei bis vier Jahren wiederholt.

Süß-Kirschen entwickeln bei fachgerechter Pflege schmackhafte Früchte.

wegfallende Bereiche

Schnittstelle

Erhaltungsschnitt an einer Süß-Kirsche fortgeschrittenen Alters.

Erhaltungsschnitt

Etwa ab dem fünften bis sechsten Standjahr sollte die Höhenentwicklung der Krone begrenzt werden. Das geschieht, indem die Stammverlängerung bis auf den letzten Astkranz oder auf einen waagerecht aus der Mitte herauswachsenden Ast abgeleitet wird. Das gleiche Prinzip wird auch bei den Leitästen angewendet, hier wird der Leitast auf einen nach außen verlaufenden Ast zurückgenommen. Andere Triebe, die sich entlang der Leitäste entwickelt haben, werden waagerecht gebunden, dadurch stellt

Smart

Besonderheiten bei der Süß-Kirsche

> **Fruchtholz bildet** sich bei der Süß-Kirsche überwiegend am drei- bis vierjährigen Holz.
> **Höhenbegrenzung** ab dem fünften bis sechsten Standjahr einleiten.
> **Rückschnitt** nach der Ernte möglich, wenn der Baum im Laub steht.
> **Befruchtung:** verschiedene Sorten pflanzen!

sich der Ertrag früher ein und das Wachstum wird etwas gebremst. Später werden in der Krone größere Äste herausgenommen und störende oder behindernde Triebe ausgelichtet. Diese Schnittarbeiten am Kirschbaum können Sie gleich nach der Ernte, also noch im belaubten Zustand zwischen Juli und August durchführen. Die Schnittwunden verheilen in dieser Vegetationsphase sehr viel schneller als während der Vegetationsruhe; damit sinkt auch die Infektionsgefahr.

Zwetschen und Pflaumen schneiden

Die 'Hauszwetsche' – eine alte, aber nicht ganz pflegeleichte Sorte.

Die Verwandtschaft ist vielgestaltig; neben Zwetschen und Pflaumen gibt es Renekloden, Mirabellen oder Kirschpflaumen. Unterschiede zwischen Pflaumen und Zwetschen: Die Pflaume ist rundlicher und größer, ihr Fruchtfleisch lässt sich nicht so gut vom Stein lösen. Das Angebot für Zwetschen ist sehr breit gefächert. Sie können Halbstämme mit einem Kronendurchmesser von 10 m oder eine schwach wachsende Spindel für den Vorgarten oder Pflanztrog kaufen. Zwetschenbäume gedeihen auch bei wenig Pflege; gelegentliche Schnittmaßnahmen sind auch hier notwendig.

Pflanzschnitt

Sie haben einen Baum gekauft, die Pflanzgrube ist ausgehoben. Der Pflanzschnitt wird genauso wie beim Apfel oder der Birne durchgeführt. Dazu suchen Sie sich drei oder vier Leitäste aus. Sie sollten gleichmäßig am Stamm verteilt und in der Höhe versetzt angeordnet sein. Der Rückschnitt der Leitäste erfolgt gemäß der Schnittregeln auf der Seite 76 deutlich um zwei Drittel auf ein nach außen liegendes Auge. Die Zwetsche baut von Natur aus schmal auf, durch den Rückschnitt auf ein nach außen liegendes Auge erzielen Sie mehr Breitenwachstum. Die Stellung der Leitäste sollte etwas flacher als 45° sein. Alle Leitäste werden in Saftwaage geschnitten. Der Rückschnitt der Stammverlängerung erfolgt so, dass zwischen den Leitastenden und der Spitze

> ### Besonderheiten bei der Zwetsche
> - **Früchte werden** bei der Zwetsche/Pflaume überwiegend am dreijährigen Holz gebildet.
> - **Der Rückschnitt** des Neutriebes beim Pflanzschnitt beträgt etwa zwei Drittel von der Gesamtlänge.
> - **Die Leittriebe** werden beim Erziehungsschnitt um etwa die Hälfte zurückgenommen.
> - **Leitaststellung:** maximal 45°.
> - **Der Verkahlung** kann man durch Zapfenschnitte entgegenwirken.

Smart

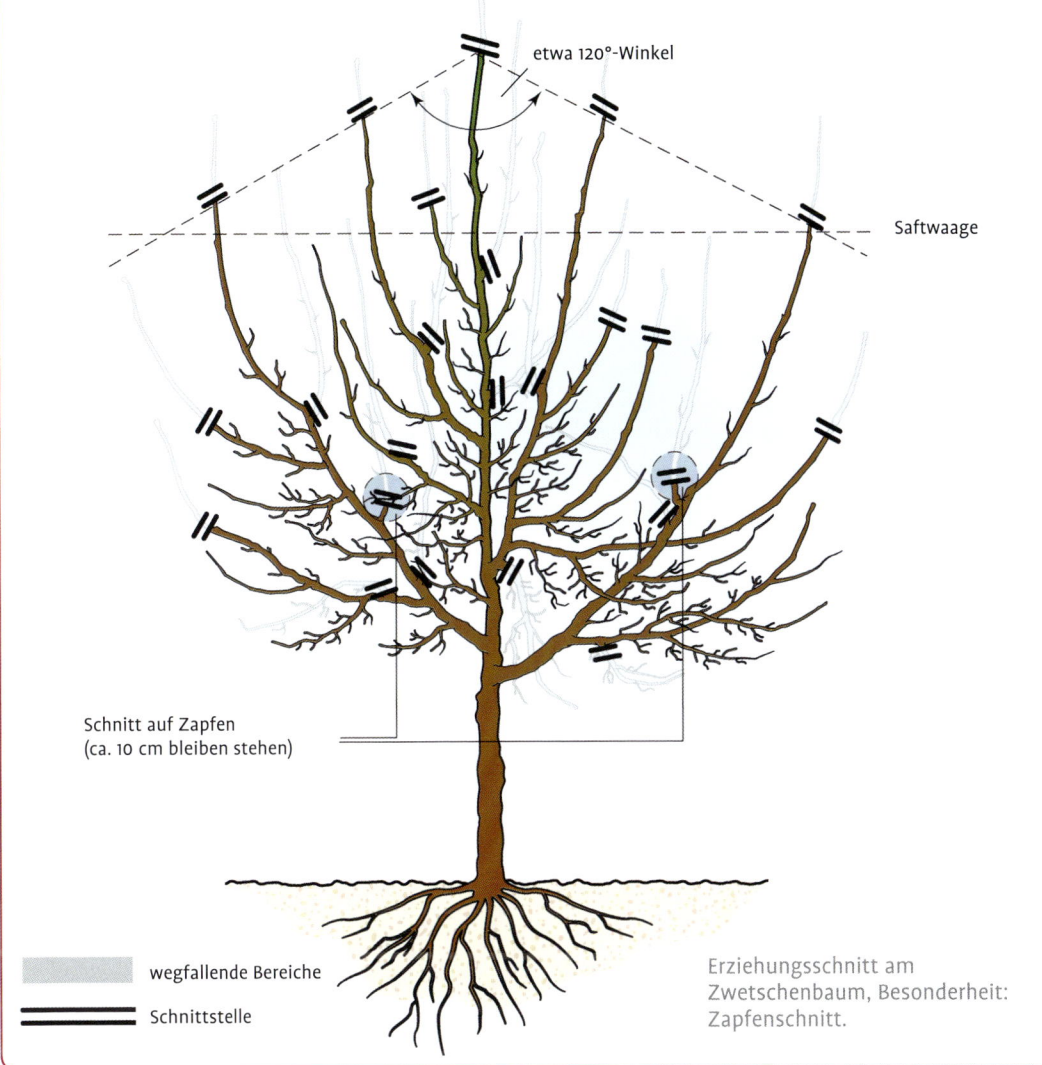

etwa 120°-Winkel

Saftwaage

Schnitt auf Zapfen
(ca. 10 cm bleiben stehen)

wegfallende Bereiche

Schnittstelle

Erziehungsschnitt am
Zwetschenbaum, Besonderheit:
Zapfenschnitt.

des mittleren Leittriebes ein
Winkel von etwa 120° ent-
steht. Kleinere Spieße werden am Baum belassen.

Erziehungsschnitt

Die Leitäste werden um etwa
die Hälfte zurückgenommen.
Auch hier gilt: Möglichst auf
ein nach außen zeigendes
Auge zurückschneiden! Die

kleineren Spieße lassen
Sie stehen, die Langtriebe
werden herausgenommen.
Damit Ihr Baum innen nicht
zu kahl wird, kann der ein
oder andere Langtrieb auf
eine Zapfenlänge von 10 bis
15 cm zurückgeschnitten
werden. Dieser Ablauf wiederholt sich die nächsten
vier bis sechs Jahre, bis die
Krone fertig aufgebaut ist.

Erhaltungsschnitt

Der Kronenerhalt bei der
Zwetsche beschränkt auf die
Entfernung sich kreuzender
oder störender Äste, die den
Lichteinfall in den Baum
behindern. Sollten die Leitäste zu lang oder zu hoch
geworden sein, werden sie
auf einen darunterliegenden
Ast abgesetzt.

Pfirsiche schneiden

Der Pfirsich wird vorwiegend in milden Lagen und Gebieten mit Weinbauklima angebaut. Er stellt hohe Ansprüche an den Boden und das Klima. Auf schweren Böden kann es sortenbedingt zu Gummifluss kommen.

Das Pfirsichholz und die Blüten sind sehr frostempfindlich – bei der Standortwahl unbedingt beachten! Ideal ist ein Platz in der Nähe einer Hauswand, nach Süden ausgerichtet, relativ warm und windgeschützt.

Pflanzschnitt

Gepflanzt wird der Baum im späten März. Der Pflanzschnitt beinhaltet das Einkürzen der vorher festgelegten Leitäste auf drei bis fünf Knospen. Alle anderen übrigen Hölzer werden entfernt. Der Stamm wird auf 60 bis 80 cm Länge zurückgeschnitten. Es sollte ein Winkel von etwa 100 bis 120° zwischen der Stammverlängerung (des Leittriebes) und den Leitastenden angestrebt werden.

Erziehungsschnitt

Im darauffolgenden Jahr steht die Entscheidung an, ob der Pfirsichbaum mit oder ohne Stammmitte erzogen werden soll. Die Hohlkrone kommt in Hausgärten häufiger vor. Die Stammverlängung wird oberhalb einer kräftigen Leitast-Verzweigung im zweiten, spätestens im dritten Standjahr herausgenommen. Bis zum vierten oder sechsten Standjahr werden die Leit- und Nebenäste immer wieder in der zweiten Februarhälfte um etwa die Hälfte zurückgenommen.

'Kernechter vom Vorgebirge' – ein Pfirsich für geschützte Lagen.

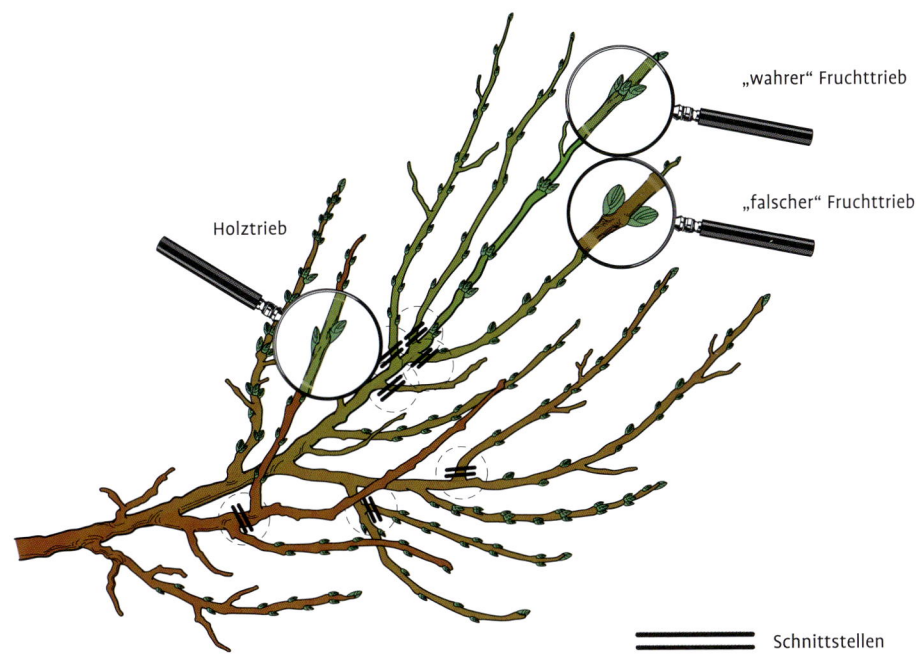

„wahrer" Fruchttrieb

„falscher" Fruchttrieb

Holztrieb

Schnittstellen

Besonderheiten beim Pfirsich: Neben Holztrieben gibt es „wahre" und „falsche" Fruchtriebe.

Besonderes bei Pfirsichtrieben

Bei den Trieben unterscheidet man „wahre" von „falschen" Fruchttrieben. An ersteren wachsen die schönsten Früchte; dieser Trieb ist bleistiftstark mit drei nebeneinanderliegenden Knospen: zwischen zwei Blütenknospen liegt die Blattknospe. Er wird auf die Hälfte eingekürzt. Der „falsche Fruchttrieb" besitzt nur Blütenknospen. Mangels Blättern können sich an solchen Trieben kaum Früchte ausbilden. Dieser wird ganz zurückgeschnitten. Der „Holztrieb" wird um zwei Drittel eingekürzt, wenn er als Seiten- oder Leitast benötigt wird, ansonsten wird er entfernt. Die Kurztriebe werden nicht herausgeschnitten.

Verjüngungsschnitt

Ist Ihr Pfirsichbaum „in die Jahre" gekommen, muss er verjüngt werden, um wieder zu neuem Triebwachstum angeregt zu werden. Beim Verjüngungsschnitt werden die Leit- und Seitenäste stark bis in das alte Holz zurückgenommen.

Pfirsich Know-How

> **Der Pfirsich** fruchtet mit Ausnahme der Bukett-Triebe am einjährigen Holz.
> **Der Boden** sollte locker und gut durchlüftet sein.

> **Gegen die** Kräuselkrankheit gibt es keine Mittel, hier hilft nur Entfernen.
> **Störende Zweige** können schon nach der Ernte entfernt werden.

Smart

Robuste Steinobst- sorten

Für viele Steinobstarten wird ein breites Spektrum an verschiedenen Unterlagen angeboten.

Neuzüchtungen von Zwetschen und Pflaumen bieten genügend Alternativen hinsichtlich schwach wachsender Unterlagen, Widerstandskraft gegen Krankheiten, Frostresistenz und Erntezeitpunkte. Lang anhaltende Extremtemperaturen, verbunden mit Nässe, können zu Totalausfall führen. Die Unterlage bestimmt, wie groß der Baum wird und welche Ansprüche er an Klima und Boden stellt. Besonders in kleinen Gärten sollte man sich von alten, ausladenden Sorten trennen.
Die Zwetsche benötigt zur guten Entwicklung einen nährstoffreichen, feuchten und gut durchlüfteten Boden. Etwas Sonne tut der Fruchtentwicklung gut. Zwetschen und Pflaumen sind bezüglich Schnitt-

und Pflegemaßnahmen anspruchsloser als Apfel und Birne, sollten aber nicht vernachlässigt werden. Die Süß-Kirsche meidet Staunässe und wechselfeuchte Böden. Sie reagiert darauf mit Gummifluss. Das Klima sollte nicht allzu rau sein, tiefe Wintertemperaturen und Spätfröste verträgt die Süß-Kirsche nur sehr schlecht. Bei den Süß- und Sauer-Kirschen werden neben dem altbewährten Standard-Sortiment auch viele interessante Neuzüchtungen angeboten. Allerdings gibt es bei Süß-Kirschen nur eingeschränkt schwach wachsende Unterlagen, das sollte bei der Kaufentscheidung berücksichtigt werden. In der Übersicht wurden Sorten zusammengestellt, deren Pflegeaufwand sich für den Hobbygärtner in Grenzen hält und mit denen gute Erfahrungen bezüglich Ertrag, Fruchtqualität und Geschmack gemacht wurden.

'Büttners Rote Knorpel'

regenfeste, robuste Sorte

▶ **Beschreibung:** Hellgelbe Süß-Kirsche mit roter Schale. Das Fleisch ist relativ weich und saftig mit gutem Geschmack.

▶ **Eigenschaften:** Frucht mittelgroß bis groß; Pflückreife ab der 4. Kirschwoche (Mitte Juni).

▶ **Standortansprüche:** Diese Sorte kann auch noch in mäßig warmen Gegenden gepflanzt werden; in geschützten Lagen bis 500 m ü. NN möglich.

▶ **Bemerkung:** Für den Frischverzehr und die Konservierung geeignet. Sie hat den Vorteil, dass sie nach dem Regen nicht so leicht platzt. Eine gute Kirsche für den Selbstversorger.

'Karneol'

Wärme liebende Kirsche

▸ Beschreibung: 'Karneol' ist eine großfrüchtige, dunkelrote Sauer-Kirsche mit mittelfestem Fruchtfleisch.

▸ Eigenschaften: Frucht mittelgroß bis groß, leicht pflückbar; Pflückreife Mitte bis Ende Juli.

▸ Standortansprüche: Bevorzugt warme, frostgeschützte Standorte, zum Beispiel an der windgeschützten Sonnenseite eines Hausgartens.

▸ Bemerkung: Es handelt sich um eine neuere Züchtung mit recht guter Toleranz gegen Pilzerkrankungen.

'Hauszwetsche'

etwas anfällige, alte Sorte

▸ Beschreibung: Die 'Hauszwetsche' ist eine sehr alte Sorte. Das Fleisch ist mittelfest und saftig.

▸ Eigenschaften: Frucht mittelgroß, länglich bis eiförmig; sehr lange Pflückreife von Mitte September bis Ende Oktober.

▸ Standortansprüche: Wenig Ansprüche, gedeiht noch in Höhenlagen von 800 m ü. NN.

▸ Bemerkung: Anfällig gegen die Scharkakrankheit und den Pflaumenrost. Die kurzen, stacheligen Spieße erschweren die Erntearbeit etwas. Eine Zwetsche für den Alltagsgebrauch (Kuchen, Kompott).

'Hanita'

neue, robuste Zwetsche

▸ Beschreibung: 'Hanita' ist eine neuere Sorte. Das Fruchtfleisch ist goldgelb und sehr saftig.

▸ Eigenschaften: Frucht mittelgroß, zwischen 3 und 4 cm; Pflückreife ab Ende August bis Mitte September.

▸ Standortansprüche: Benötigt ausreichend feuchte Böden.

▸ Bemerkung: Durch stetige Verbesserungen bei der Züchtung sind die Anfälligkeiten gegen die Scharkakrankheit verbessert worden. Eignet sich besonders für den Frischverzehr.

Walnüsse schneiden

Bei Walnüssen beachten:

> Bäume aus Sämlingen können bis zu 20 m hoch werden!

> Kleinwüchsigere Walnuss-Veredlungen sind auch für Hausgärten geeignet.

> Die Walnuss verträgt keinen Spätfrost – warme Standorte wählen!

> Walnüsse sind selbstfruchtbar.

> Die Walnuss bildet auch ohne Schnitt eine lockere Krone.

Walnussbäume waren früher wichtige Holzlieferanten, die Früchte der Bäume dienten zur Ölherstellung. Die großen Bäume sind willkommene Schattenspender und unter ihrem Blätterdach ist man vor Fliegen und Stechmücken weitgehend sicher. Der Walnussbaum ist ein Baum für die freie Landschaft oder für sehr große Grundstücke. Die Höhe eines Sämlings kann 20 bis 25 m betragen und einen Kronendurchmesser von 15 bis 20 m einnehmen. Früchte entwickeln sich erst nach zehn bis fünfzehn Jahren. Es gibt heute auf schwach wachsenden Unterlagen ver-

edelte Walnüsse, die diese Baumart auch für kleinere Grundstücke interessant werden lässt. Die Walnuss verlangt einen etwas wärmeren Standort, tiefe Wintertemperaturen können zu Holzschäden führen; Spätfröste zerstören den Austrieb und die Blüten. Der zweite Austrieb erfolgt zwar rasch, aber ohne Blüten. An die Bodenverhältnisse stellt die Walnuss keine besonderen Bedingungen. Ihr Plus: Walnussbäume erkranken kaum!

Pflanzschnitt

Haben Sie sich für eine Walnuss entschieden, muss ein

Pflanzschnitt durchgeführt werden. Dazu werden die ausgesuchten drei Leitäste auf etwa 20 bis 30 cm zurückgenommen. Die Leitäste sollten in unterschiedlicher Höhe und gut verteilt entlang des Stammes angeordnet sein. Die Stammverlängerung wird etwa 25 cm über der Abzweigung des letzten oberen Leitastes abgeschnitten. Im ersten und in den darauffolgenden Jahren treibt der Walnussbaum nur schwach aus. Das volle Wachstum setzt ab dem dritten Standjahr ein.

Erziehungsschnitt

Er ist auch bei der Walnuss notwendig, soll die Krone schön und zweckmäßig aufgebaut werden. Ein Rückschnitt der Leitäste in den ersten acht bis zehn Jahren erübrigt sich, da sie sich von Natur aus schön verzweigen. Für einen gleichmäßigen Kronenaufbau werden nur die wirklich störenden Äste herausgenommen. Zusätzlich sind die verletzten und dürren Äste herauszunehmen. Sollte bei der Pflanzung der Kronendurch-

Besonderes „Obst": Walnüsse sind gesund und nahrhaft!

messer unterschätzt worden sein, so können Sie die Äste, die andere Bäume beeinträchtigen, zurücknehmen.

Erhaltungsschnitt

Hier legen Sie Ihr Augenmerk auf die Fruchtholzerneuerung, ausreichenden Lichteinfall und eine ausgewogene Krone. Bei dichtem Wuchs nimmt der Ertrag im Kroneninneren rasch ab, da die Walnuss nur am einjährigen Holz und hier vorwiegend an der Terminalknospe fruchtet. Der günstigste Schnittzeitpunkt ist der ausgehende Winter, je nach Witterung Mitte bis Ende Februar. Eingriffe kurz vor dem Austrieb haben stärkeren Saftfluss an der Schnittfläche („Bluten") zur Folge. Es ist aber auch der Sommerschnitt im Juli/August durchführbar, hier „blutet" der Baum nur kurzzeitig und die Schnittwunde wird innerhalb kurzer Zeit verschlossen.

> **Walnuss-Infos**
>
> > **Gegen Spätfrost** unempfindlichere, veredelte Sorten wie Nr. 120, 124, 'Franquette' oder 'Mayette' pflanzen.
> > **Leitäste flach** für eine breite Krone erziehen, nicht zurückschneiden.
> > **Schnitt im Juli/August** durchführen. Im Winter blutet der Baum stark.

Smart

Spezial

Der richtige
Zeitpunkt

	Zeitraum												
Pflanzen													
Apfel, Birne, Kirsche, Zwetsche	Jan	Feb	Mrz	Apr	Mai	Jun	Jul	Aug	Sep	Okt	Nov	Dez
Pfirsich	Jan	Feb	Mrz	Apr	Mai	Jun	Jul	Aug	Sep	Okt	Nov	Dez
Schneiden													
Apfel, Birne, Sauer-Kirsche, Zwetsche	Jan	Feb	Mrz	Apr	Mai	Jun	Jul	Aug	Sep	Okt	Nov	Dez
Süß-Kirsche, Walnuss	Jan	Feb	Mrz	Apr	Mai	Jun	Jul	Aug	Sep	Okt	Nov	Dez
Pfirsich	Jan	Feb	Mrz	Apr	Mai	Jun	Jul	Aug	Sep	Okt	Nov	Dez
Pflanzenschutz													
Paraffinöl gegen Blattläuse	Jan	Feb	Mrz	Apr	Mai	Jun	Jul	Aug	Sep	Okt	Nov	Dez
Präparate gegen Blattläuse	Jan	Feb	Mrz	Apr	Mai	Jun	Jul	Aug	Sep	Okt	Nov	Dez
Pilzpräparate (Fungizide)	Jan	Feb	Mrz	Apr	Mai	Jun	Jul	Aug	Sep	Okt	Nov	Dez
Ernte													
Süß-Kirsche	Jan	Feb	Mrz	Apr	Mai	Jun	Jul	Aug	Sep	Okt	Nov	Dez
Sauer-Kirsche	Jan	Feb	Mrz	Apr	Mai	Jun	Jul	Aug	Sep	Okt	Nov	Dez
Zwetsche	Jan	Feb	Mrz	Apr	Mai	Jun	Jul	Aug	Sep	Okt	Nov	Dez
Apfel	Jan	Feb	Mrz	Apr	Mai	Jun	Jul	Aug	Sep	Okt	Nov	Dez
Birne	Jan	Feb	Mrz	Apr	Mai	Jun	Jul	Aug	Sep	Okt	Nov	Dez
Walnuss	Jan	Feb	Mrz	Apr	Mai	Jun	Jul	Aug	Sep	Okt	Nov	Dez

■ optimaler Zeitraum   □ möglicher Zeitraum

Wenn die Bäume in Blüte stehen, stehen Schädlingserkennung und -bekämpfung an. Die Leimgürtel sollten bis März abgenommen werden, der Boden wird auf Wühlmaushaufen hin untersucht. Bieten Sie Nützlingen wie Florfliegenlarven oder Marienkäfern Nisthilfen und Lebensräume an.

Bemerkung

wurzelnackte Ware, keine Containerpflanzen

bei starken Minusgraden nicht schneiden!

Schnitt besser in belaubtem Zustand

max. 3x in diesem Zeitraum ausbringen

Hinweise des Herstellers berücksichtigen!

Hinweise des Herstellers berücksichtigen!

sortenabhängiger Reifezeitpunkt

sortenabhängiger Reifezeitpunkt

s.o., Lageräpfel nicht zu spät ernten – im Lager reifen die Äpfel nach

sortenabhängiger Reifezeitpunkt

Wann ist der optimale Zeitpunkt zum Pflanzen, Schneiden, Ernten und für den Pflanzenschutz?

Nebenstehend wurden die anstehenden Arbeiten und die dafür optimalen und geeigneten Zeiträume, die sich in der Praxis bewährt haben, in einer Tabelle zusammengefasst. Dabei gibt es verschiedene Ansichten und Theorien zu jedem der aufgeführten Punkte.

Diese Zeiträume sollen Ihnen als Orientierung für Ihre Gartenaktivitäten dienen. Es besteht zusätzlich die Möglichkeit, Obstgehölze auch im Sommer zu schneiden. Der Vorteil des Sommerschnitts ist, dass die Schnittstellen sehr schnell verheilen und keine Wundbehandlung notwendig ist. Präparatempfehlungen für den Pflanzenschutz werden aufgrund der unsteten Situation bei den Zulassungsbestimmungen nicht gegeben. Hier sind die jeweiligen Landrats-, Landwirtschafts- und Pflanzenschutzämter der Bundesländer die richtigen Ansprechpartner.

Erste Hilfe für Obst-bäume

Spezial

Schäden erkennen –
Abhilfe
schaffen

Mit der Arbeit im Garten haben Sie die Möglichkeit, auf einem kleinen Stück Natur die Vorgänge und Zusammenhänge miterleben zu können.

Das setzt aber voraus, dass die Bedingungen denen der freien Natur ähneln. Das Ökosystem Garten ist umso stabiler, je vielfältiger die Pflanzenzusammensetzung ist. Ziel eines Gartenbesitzers sollte es sein, ein ausgewogenes Verhältnis zwischen Schädlingen und deren Gegenspielern („Nützlingen") sowie entsprechende Pflanzungen mit gesunden und verschiedenartigen Pflanzen zu erreichen.

Dazu gehört beispielsweise, Pflanzabstände pflanzengerecht zu wählen: Von einer Walnuss muss zu anderen Obstgehölzen mindestens ein Abstand von 6 bis 8 m gewahrt werden, da ansonsten die Pflanzen kümmern und dadurch anfällig für Pilz- und Schädlingsbefall werden. Außerdem spielen die Standortbedingungen – Licht, Temperatur, Bodenverhältnisse, Nährstoffe, Wasser – eine wichtige Rolle für das Immunsystem des Baumes. Pflanzen, die im Garten optimale Voraussetzungen vorfinden, sind weniger anfällig für Krankheiten. Sollte es doch mal zu Schädigungen kommen, sind nachfolgend die wichtigsten Schadbilder und die dazugehörigen Gegenmaßnahmen kurz beschrieben.

Gelbtafeln

Farbfalle für Fruchtfliegen

▶ **Bekämpfung:** Der gelbe Farbton der beleimten Tafel zieht Weiße Fliege, Kirschfrucht- und Minierfliege an.

▶ **Anwendung:** Der Handel bietet fertig beleimte Tafeln an. Große Tafeln werden bis etwa 15 m², kleinere Tafeln bis ungefähr 7 m² Standfläche eingesetzt.

▶ **Bemerkung:** Bei einem Baum mit etwa 6 m Kronendurchmesser werden acht bis zehn Gelbtafeln benötigt. Aufgehängt werden sie im äußeren Kronenbereich des Baumes.

Leimringe

auf den Leim gegangen

▶ Bekämpfung: Leimringe werden am Baum und am Pfahl angelegt. Abgewehrt werden Kleiner und Großer Frostspanner.

▶ Anwendung: Der Leimring wird in etwa 1 m Höhe rings um den Stamm angelegt. Den Leimring nur von September bis Februar/März am Baum belassen!

▶ Bemerkung: Der Leimring oder Leim wird im September angebracht beziehungsweise aufgetragen, im zeitigen Frühjahr entfernt und die unbrauchbar gewordenen Leimringe vernichtet. Leimgürtel sind im Gartenfachhandel erhältlich.

Verbissschutz

sich die Zähne ausbeißen

▶ Bekämpfung: Jungbäume können mit Drahtgittern, Kunststoffspiralen und Baumhülsen gegen Stamm- und Wurzelfraß durch Kaninchen und Mäuse geschützt werden.

▶ Anwendung: Die Spirale oder das Drahtgitter wird bis zu einer Höhe von mindestens 80 cm am Stamm angebracht; beim Drahtgitter sollte man einen Abstand von etwa 5 cm einhalten. Bei Drahtgittern um die Wurzeln den Wurzelhals freihalten!

▶ Bemerkung: Verwenden Sie engmaschigen Draht. Kunststoffspiralen muss man nach einer gewissen Zeit entfernen, damit er nicht einwächst.

Wundverschluss (optional)

Pflaster für Baumwunden

▶ Bekämpfung: Durch das Baumwachs wird die Infektionsgefahr durch Pilzsporen an der Schnittstelle > 25 cm reduziert.

▶ Anwendung: Die Schnittfläche wird am Rand mit der Hippe glatt geschnitten. Das Verschlussmittel wird hier gleichmäßig und sorgfältig von außen nach innen aufgetragen. Die Mitte spart man aus, damit überschüssiger Saft abfließen kann.

▶ Bemerkung: Verwenden Sie möglichst ein Mittel mit integriertem Fungizidpräparat. Bei großen Schnittwunden wird nur am Rand im Bereich der Gewebeneubildung Baumwachs aufgetragen.

Birnengitterrost *Gymnosporangium sabinae*

▸ Schadbild: Hierbei handelt es sich um eine Infektion durch einen wirtswechselnden Rostpilz. Die Sporen überwintern im Holz bestimmter Wacholderarten. Ab Mai werden Birnenbäume befallen. Das Blatt verfärbt sich zuerst an der Oberseite durch rötliche bis braunrote Flecken. An der Blattunterseite bilden sich kleine, trichterförmige Pusteln.
▸ Abhilfe: Zur vorbeugenden Kräftigung eignet sich eine Ackerschachtelhalmbrühe. Zur direkten Bekämpfung verwenden Sie Fungizide auf Netzschwefelbasis. Ansonsten hilft Abschneiden der angeschwollenen Wacholdertriebe.

Apfelschorf *Venturia inaequalis*

▸ Schadbild: Der Schorf kommt bei Kern- wie auch bei Steinobst vor. Bei Schorf handelt es sich um eine Pilzinfektion, die sich durch olivgrüne, verwaschene Flecken am Blatt mit späterem Blattfall abzeichnet. Auf der Frucht sind die Flecken dunkelbraun, im späteren Verlauf schuppenförmig ausgebildet.
▸ Abhilfe: Ab Blattaustrieb nach einer längeren Feuchtigkeitsperiode regelmäßig Netzschwefel spritzen. Zusätzlich sollten die Bäume ein eher lichtes Astwerk haben. Gegen Erstinfektionen sollte Falllaub immer zügig untergemulcht werden, da hier die Pilzsporen überdauern.

Monilia-Fruchtfäule *Monilia fructigena*

▸ Schadbild: Diese Pilzinfektion befällt die Früchte von sowohl Kern- als auch Steinobst und tritt in zwei unterschiedlichen Schadbildern auf: als Polsterschimmel an Früchten im Baum in Form von Ringen oder auch flächig angeordneten Sporenlagern, außerdem als Lagerfäule (= Schwarzfäule).
▸ Abhilfe: Herausnehmen aller durch Baumkrebs erkrankter Teile, Ausdünnen von Früchten und Mumien, Auslichten von zu dichtem Astwerk, großzügiges Entfernen befallener Zweige, Fungizide mit Beginn der Blütenöffnung mehrmals aufsprühen. Erkrankte Früchte nicht einlagern!

Spitzendürre *Monilia laxa*

▸ Schadbild: Auch bei diesem Befall ist ein Pilz aus der Gattung *Monilia* die Ursache. Die Spitzendürre tritt häufiger bei Steinobst, aber auch bei Kernobst (Apfelsorten 'Alkmene', 'James Grieve') auf. Blätter, Blüten und der obere Triebbereich welken schlagartig, verfärben sich bräunlich bis grau und vertrocknen.
▸ Abhilfe: Triebe mindestens 5 bis 10 cm ins gesunde Holz zurückschneiden. Schnittholz nicht kompostieren und befallene Früchte sowie Fruchtmumien aus dem Baum entfernen. Falllaub zügig untermulchen!

Schrotschusskrankheit *Wilsonomyces carpophilus*

▸ Schadbild: Eine Pilzinfektion des Steinobstes. Befallen werden Blätter, Triebe und Früchte. An den Blättern entstehen zuerst kleine rötliche, scharf abgegrenzte Blattflecken, die verbräunen und bis zu 5 mm Durchmesser erreichen. Sie brechen nach einiger Zeit durch und es entstehen Löcher.
▸ Abhilfe: Befallene Blätter und Früchte entfernen, Laub untermulchen, für eine gute Durchlüftung des Baumes sorgen, in hartnäckigen Fällen ein Pilzpräparat aufsprühen. Vorbeugend wenig anfällige Sorten (z. B. 'Abels Späte' bei Süß-Kirschen) pflanzen.

Blattläuse *Aphididae*

▸ Schadbild: Es gibt eine Vielzahl von Blattläusen, beispielsweise Grüne Apfelblattlaus, Apfelfalterlaus, Mehlige Apfellaus oder Schildlaus. Blattläuse leben in Kolonien an frischen Trieben. Sie verursachen durch ihre Saugtätigkeit eingerollte Blätter und verdorrte Jungtriebe.
▸ Abhilfe: Läuse können schonend mit einer Seifenlösung, Brennnesselbrühe oder durch Abspritzen der Blätter mit Wasser bekämpft werden. Im Spätwinter können die Äste zusätzlich mit Paraffinöl zum Abtöten der Eigelege eingesprüht werden.

Apfelgespinstmotte *Yponomeuta malinella*

▸ Schadbild: Von ihr werden überwiegend Apfelbäume, selten Birnbäume geschädigt. Im Mai/Juni sind die Blätter und Endtriebe mit einem dichten, schleierartigen Gespinst überzogen, in dem zahlreiche gelblichgraue, schwarzgefleckte Räupchen leben. Die in das Gespinst einbezogenen Blätter sind stark skelettiert.
▸ Abhilfe: Das Abschneiden der eingesponnenen Bereiche sowie sorgfältiges Vernichten sind unbedingt notwendig! Eine Winterbehandlung mit Paraffinöl ist empfehlenswert.

Blutlaus *Eriosoma lanigerum*

▸ Schadbild: Die Blutlaus (auch „Wolllaus" genannt) erkennt man an watteartigen Gebilden an Trieben, Zweigen sowie an Ast- und Stammwunden. Darunter befinden sich die Läuse. Ein mehrjährig starker Befall kann zu Wachstumstörungen und im Extremfall zum Absterben des Baumes führen.
▸ Abhilfe: Bei geringem Befall werden die Läuse mit dem Handschuh einfach zerdrückt. Ist der Befall höher, werden die stark geschädigten Äste ausgeschnitten und verbrannt. Fördern Sie Nützlinge durch Unterschlupf- und Nistgelegenheiten sowie nützlingsschonende Gartenbewirtschaftung.

Obst auf
kleinem Raum

K einen Garten, nur eine Terrasse oder Balkon? Auch auf wenig Platz können Sie Apfel- oder Kirschbäume dekorativ aufstellen und deren Obst ernten. Gartenmärkte und Baumschulen bieten verschiedene schwachwüchsige Obstbäume an, die mit wenig Platz auskommen.

Bei Steinobst kommen vor allem Zwergbüsche und beim Apfel „Säulenform"-Bäume dafür in Frage. Diese Sonderform stammt ursprünglich aus Kanada und wurde in England als Tribut an zurückgehende Gartengrößen sowie für Terrassen- und Balkongärtner züchterisch weiterentwickelt. Ein „Säulen"-Apfelbaum zeichnet sich durch seine kompakte Wuchsform aus. Er wird nicht breiter als 40 bis 50 cm, da er keine Seitenäste ausbildet. Die Höhe eines „Säulen"-Stämmchens kann im ausgewachsenen Zustand bis zu 3,50 m betragen, ist aber durch Schnitt des Leittriebs einfach zu regulieren. In einem Pflanzbehälter wachsen „Säulen"-Bäume wegen der eingeschränkten Platzverhältnisse grundsätzlich nicht so hoch und etwas langsamer. Für solche Bäume findet sich immer ein Plätzchen: In einem dekorativen Pflanzbehälter, als Solitärbaum neben dem Hauseingang, als Gruppe mit einem Busch der Sauer-Kirsche auf Terrasse oder Balkon, aber auch eine kleine Apfel-Hecke ist jederzeit möglich. „Säulen"-Bäume sind pflegeleicht, blühwillig und im Herbst wird man mit Früch-

Viel Freude mit kleinen Bäumen

> Pflanzgefäße für „Säulen"-Stämmchen sollten großzügig (ab 25 l) bemessen sein.

> „Säulenform"-Bäume oder Zwergbüsche müssen regelmäßig gegossen werden – vor allem im Sommer!

> Ab dem Blühen bis in den Juli hinein sollten Sie jeden Monat einmal düngen.

> Bei Zwergformen von Kirschen immer zwei unterschiedliche Sorten pflanzen!

> Der Pflanzabstand sollte bei mehreren Bäumen nicht weniger als 50 betragen.

> Als „Säulenobst"-Sorten empfehlenswert: 'Bolero', 'Polka', 'Arbat' und 'Rondo'.

ten belohnt. Da die „Säulen"-
Bäume üblicherweise im
Topf auf einer stärkeren
Unterlage veredelt angeboten werden, benötigt die
Pflanze auch keinen Pfahl
oder eine sonstige Stütze.
Hier wird auch kein Pflanzschnitt durchgeführt – Leitäste gibt es nicht! Sollten sich
wider Erwarten doch etwas
längere Seitenäste ausgebildet haben, können Sie diese
auf zwei bis drei Augen oder
komplett zurückschneiden.
Im fortgeschrittenen Alter
kann es vorkommen, dass die
Vitalität deutlich nachlässt.
Durch einen Rückschnitt des
Leittriebes um ein Drittel
und im Folgejahr eventuell
nochmals um maximal ein
Drittel können Sie den Baum
zu einer Wuchssteigerung
mit Jungholzbildung anre-
gen. Wählen Sie dann einen
Jungtrieb in der Nähe der
verbliebenen Stammmitte als
neuen Mitteltrieb aus und
ziehen Sie diesen in den Folgejahren weiter nach oben.
Als gute Säulenobst-Sorten
können die Sorten 'Bolero'
(hellgrüne Frucht, saftig-
fest), 'Polka' (rötlich-grüne
Frucht) und 'Waltz' (dunkelrote Frucht, saftig-süß)
sowie 'Arbat' (ausgewogener
Geschmack) und 'Rondo'
empfohlen werden.

Selbst auf Balkonien muss der Obstbaumfreund nicht auf seine
Früchte verzichten. Äpfel, Birnen, Sauer-Kirschen und Zwetschen
werden auch auf schwachwüchsigen Unterlagen angeboten.

Know-how
zu Obstbäumen

Über den Schnitt hinaus-
gehend, hier noch ein paar
wichtige Tipps vom Fach-
mann rund um Obstgehölze:
▸ Wenn Sie einen Baum
haben, der trotz regelmäßi-
ger Schnittmaßnahmen
stark wächst, aber nicht
trägt, sollten Sie zwei Jahre
mit dem Schneiden ausset-
zen und nur das Notwen-
digste auslichten.
▸ Sollten Sie beispielsweise
eine Süß-Kirsche oder Birne
haben, die jedes Jahr blüht,
aber keine Früchte entwi-
ckelt, kann es sein, dass ihr
eine andere Sorte in direkter
Umgebung für die Befruch-
tung fehlt.
▸ Wenn Ihr Baum im Früh-
jahr durch Hasenverbiss
oder Frostrisse geschädigt
wurde, können Sie die
geschädigten Bereiche mit
einem Wundverschlussmittel
behandeln.
▸ Benötigen Sie zum Pfle-
gen der Bäume eine Leiter,
so achten Sie darauf, dass
die Leiterfüße standfest im
Boden aufgestellt sind und
dass die Leiter nicht zu flach
oder zu steil am Baum steht.

▸ Führen Sie den Schnitt
oder die Erntearbeiten bei
der Süß-Kirsche im Juli /
August durch. Versuchen
Sie nicht, die entfernteste
Kirsche noch zu ernten – der
Ast der Süß-Kirsche bricht

ohne Vorwarnung und hat
so manche Ernte in Gips und
Schiene verwandelt!
▸ Großflächige Schnittwunden mit einem Durchmesser
von mehr als 25 cm mit
einem Wundverschlussmit-

tel von außen nach innen bestreichen. Den mittigen Bereich aussparen. Dadurch kann der Saft abfließen und es bilden sich keine Bakterien wie unter einer geschlossenen Schicht.

▸ Bei Verwendung von Pflanzenschutzmitteln die Hände und Augen unbedingt schützen und die Dosiervorgaben einhalten!

Top Ten:
Die wichtigsten Grundregeln zum Obstbaumschnitt

1 Vor dem Schnitt ist die Beurteilung des Baumes nach seinem Erscheinungsbild, der Gesundheit und Vitalität notwendig.

2 Vor dem Schnitt die drei bis vier Leitäste für den Kronenaufbau festlegen.

3 Leitäste in 45° oder etwas flacher anordnen, nötigenfalls auf- oder abbinden.

4 Allgemeine Schnittregel: Kernobst um ein Drittel, Steinobst um zwei Drittel zurücknehmen.

5 Den Rückschnitt am schwächsten Leitast beginnen – dabei die Saftwaage beachten!

6 Licht in den Baum bringen, senkrecht nach oben und nach unten verlaufende Triebe entfernen!

7 Konkurrenztrieb an der Stammverlängerung entfernen!

8 Der Winkel zwischen Leitästen und Stammverlängerung beträgt etwa 120°.

9 Die Höhe begrenzen, indem Sie auf einen Seitenast/Astring ableiten.

10 Wundversorgung bei größeren Schnittflächen nicht vergessen!

Infoecke

Zu den Autoren

▸ **Heinrich Beltz** ist bei der Landwirtschaftskammer Niedersachsen Leiter des Bereichs Baumschule an der Lehr- und Versuchsanstalt für Gartenbau Bad Zwischenahn. Er befasst sich seit über 30 Jahren mit Ziergehölzen, deren Schnitt und Gesunderhaltung.

▸ **Uwe Jakubik** hat sich über viele Jahre hinweg ein Spezialwissen über die historische und gegenwärtige Nutzenentwicklung und das Leistungsvermögen von Streuobstwiesen in Baden-Württemberg, in Zusammenarbeit mit der Universität Hohenheim, erarbeitet. Er vermittelt sein Wissen in Büchern und bei Informationsveranstaltungen.

Pflanzenliebhaber-Gesellschaften

Hier können Sie Rat von erfahrenen Pflanzenfreunden bekommen:

Deutsche Dendrologische Gesellschaft:
▸ **www.ddg-web.de**

Deutsche Rhododendron-Gesellschaft:
▸ **www.rhodo.org**

Deutsche Buchsbaumgesellschaft:
▸ **www.deutsche-buchsbaumgesellschaft.de**

Gesellschaft Deutscher Rosenfreunde:
▸ **www.rosenfreunde.de**

Anlaufstellen

Als Anlaufstellen für Fragen zum Obstanbau, zur Schädlingsbekämpfung, zu Pflanzenschutz und Pflanzendüngung können empfohlen werden:
▸ **Obst- und Gartenbauvereine**
▸ **Kreisobstverbände**
▸ **Landratsämter (in Baden-Württemberg: Grünlandberatung)**
▸ **Landwirtschaftsämter**

Hilfreiche Internetadressen

Rund um das Thema Ziergehölze

Wertvolle, aktuelle Hinweise zu den wichtigsten Schaderregern an Gehölzen.

- ▸ www.arbofux.de
- ▸ www.landwirtschaftskammer.de/Landwirtschaft/ pflanzenschutz/hausgarten/index.htm
- ▸ www.gartenakademie.rlp.de

Listen der für den Haus- und Kleingartenbereich zugelassenen Pflanzenschutzmittel.

- ▸ www.pflanzenschutz-hausgarten.de
- ▸ www.hamburg.de/pflanzenschutz/ (Stichworte: „für Haus- und Kleingarten", „Pflanzenschutzmittelliste")

Pflanzenschutzmittel und deren aktuelle Zulassungssituation.

- ▸ www.bvl.bund.de

Rund um das Thema Obstbäume

Bayerische Landesanstalt für Weinbau und Gartenbau: Interessante Tipps zum Freizeitgartenbau, zu Nützlingen, richtigem Düngen.

- ▸ www.lwg.bayern.de

Bundesverband Deutscher Gartenfreunde: Naturlehrpfade, Ökogärten, Schul- und Kindergärten.

- ▸ www.kleingarten-bund.de

Fördergemeinschaft Ökologischer Obstbau: u. a. Ökologische Pflanzenschutzmittel, Obstbautage, Lehrfahrten.

- ▸ www.foeko.de

Julius-Kühn-Institut: Hinweise zu Schädlingen und Krankheiten sowie zu Nützlingen und Wildpflanzen.

- ▸ www.julius-kuehn.de

Sächsische Landesanstalt für Landwirtschaft: Resistente Obstsorten.

- ▸ www.landwirtschaft.sachsen.de

Die Seiten der Universität Weihenstephan-Triesdorf bieten umfassende Informationen über alle Gartenthemen.

- ▸ www.hswt.de/weihenstephaner-gaerten.html

Bildquellen

Titelbild: mauritius images/ Marks flowers/Alamy
Buchrücken: Lale Cumali/ Shutterstock.com
Anest/Shutterstock.com: S. 5 r.
Beltz, Heinrich: S. 3 l., 6 r., 10, 14, 17, 19–21, 23, 25–28, 30, 31, 34, 35, 39–45, 47, 49, 51 u., 53, 56–64
Buchter-Weißbrodt, Helga: S. 109 l.
GBA/GPL: S. 119 u.
GBA/Noun: S. 102
Gronau, Martina: S. 65 u.
Himmelhuber, Peter: S. 65 o.
Himmelhuber, Wolfgang: S. 99 r., 117 l., 118 o., 119 M. o.
iStockphoto/Lyudmyla Nesterenko: S. 2 l.
Jakubik, Uwe: S. 78, 79
Julius Images/Wolfgang Redeleit: S. 15, 84, 85, 119 M. u.
Kowalzik, Doris: S. 36

Müller, Hans-Roland/ botanikfoto: S. 93 M.
mauritius images: S. 5 l., 114
Nickig, Marion: S. 7, 37
Panthermedia/Anna R.: S. 2 r., 8
Photolibrary/Steffen Hauser: S. 3 r., 54
Pirc, Helmut: S. 52
Reinhard, Hans: S. 4 l., 6 M., 50, 66, 80, 92, 93 r., 100, 104, 111, 113, 116, 117 r., 121, 122, 124 r.
Strauß, Friedrich: S. 4 r., 6 l., 51 o., 82, 93 l., 97, 98, 99 l., 99 M., 106, 108, 109 M., 109 r., 117 M., 118 M. o., 118 M. u., 118 u., 119 o., 124 l.
Vits, Anja: S. 18, 33

Alle Zeichnungen fertigte Helmuth Flubacher an.

Bezugsquellen

Baumschulpflanzen sowie Schnittwerkzeuge werden in vielen Gartencentern, Gärtnereien und Baumschulen angeboten. Achten Sie beim Kauf nicht nur auf den Preis, sondern auch auf eine kundige Beratung.

Fachbetriebe finden Sie unter anderem unter

- ▸ www.gartenbaumschulen.com/mitgliedsbetriebe.html
- ▸ www.gruen-ist-leben.de/service/baumschul-suche/

Haftung

Die in diesem Buch enthaltenen Empfehlungen und Angaben sind von den Autoren mit größter Sorgfalt zusammengestellt und geprüft worden. Eine Garantie für die Richtigkeit der Angaben kann aber nicht gegeben werden. Autoren und Verlag übernehmen keine Haftung für Schäden und Unfälle. Bitte setzen Sie bei der Anwendung der in diesem Buch enthaltenen Empfehlungen Ihr persönliches Urteilsvermögen ein.
Der Verlag Eugen Ulmer ist nicht verantwortlich für die Inhalte der im Buch genannten Websites.

Impressum

Bibliografische Information der Deutschen National-bibliothek
Die Deutsche Nationalbibliothek verzeichnet diese Publikation in der Deutschen Nationalbibliografie; detaillierte bibliografische Daten sind im Internet über http://dnb.d-nb.de abrufbar.

© 2020 Eugen Ulmer KG
Wollgrasweg 41, 70599 Stuttgart (Hohenheim)
E-Mail: info@ulmer.de
Internet: www.ulmer.de

Projektleitung: Carolin Witte
Herstellung: Katharina Merz
Umschlaggestaltung: red.sign, Stuttgart, Anette Vogt
Satz: r&p digitale medien, Echterdingem
Reproduktion: timeRay Visualisierungen, Jettingen
Druck und Bindung: Westermann Druck, Zwickau
Printed in Germany

ISBN 978-3-8186-1174-3

HIER KÖNNEN SIE WEITERLESEN:

Das Schneiden der Rosen.
Der Klassiker für die Praxis in 4. Auflage.
Dietrich Woessner.
4. Auflage 2020.
128 S., 60 Farbfotos, 27 Zeichnungen,
kart. ISBN 978-3-8186-0949-8.

Sie haben Rosen im Garten oder auf dem Balkon und möchten wissen, wie man sie richtig schneidet? In diesem Buch finden Sie alle wichtigen Informationen zum Thema Rosenschnitt - direkt vom Profi und verständlich erklärt. Der hochgeschätzte und prämierte Rosenexperte Dietrich Woessner teilt seinen Erfahrungsschatz und gibt Ihnen wertvolle Hinweise rund um Grundlagen, Praxis und Pflege. Ob Beetrosen, Kletterrosen, Strauchrosen oder Balkonrosen - in diesem Buch findet jeder Rosenbesitzer Rat.

LEBENSRÄUME FÜR KLEINE HELFER

Ideenbuch Insektenhotels.
30 Nisthilfen für Wildbienen & Co.
einfach selbst gebaut.
Aktiv gegen Insektensterben.
Melanie von Orlow. 2. Auflage 2020.
96 Seiten, 20 Farbfotos,
70 farbige Zeichnungen, geb.
ISBN 978-3-8001-0900-5.

Insektenhotels bauen ist nicht schwer, aber werden sie auch besiedelt?
Die Expertin Melanie von Orlow weiß genau, was das Herz von Wildbiene & Co.
begehrt. Vom Hotel im Eimer (in einer Stunde fertig!) bis zur Romantik-Herberge
finden Sie 30 Projekte für Stadtbalkon oder Terrasse, für Reihenhaus- oder Natur-
garten. Mit klaren Schritt für Schritt-Anleitungen, Material-Checklisten und
genauen Maßangaben für die Bauteile können Sie sofort loslegen.